# 宝宝辅食添加

## 营养计划

邵玉芬 许鼓 甘智荣 ○ 主编

江苏凤凰科学技术出版社 · 南京

**图书在版编目（CIP）数据**

宝宝辅食添加营养计划 / 邵玉芬，许鼓，甘智荣主编. — 南京：江苏凤凰科学技术出版社，2019.6（2022.5重印）
ISBN 978-7-5713-0128-6

Ⅰ. ①宝… Ⅱ. ①邵… ②许… ③甘… Ⅲ. ①婴幼儿—食谱 Ⅳ. ① TS972.162

中国版本图书馆 CIP 数据核字（2019）第 025267 号

**宝宝辅食添加营养计划**

| | |
|---|---|
| 主　　编 | 邵玉芬　许　鼓　甘智荣 |
| 责任编辑 | 孙沛文 |
| 责任校对 | 仲　敏 |
| 责任监制 | 方　晨 |
| 出版发行 | 江苏凤凰科学技术出版社 |
| 出版社地址 | 南京市湖南路 1 号 A 楼，邮编：210009 |
| 出版社网址 | http://www.pspress.cn |
| 印　　刷 | 天津丰富彩艺印刷有限公司 |
| 开　　本 | 718 mm × 1 000 mm　1/12 |
| 印　　张 | 20 |
| 插　　页 | 1 |
| 字　　数 | 200 000 |
| 版　　次 | 2019年6月第1版 |
| 印　　次 | 2022年5月第2次印刷 |
| 标准书号 | ISBN 978-7-5713-0128-6 |
| 定　　价 | 49.50元 |

# 科学配餐，为宝宝的健康护航

宝宝来到这个精彩的世界，一切对他们来说都是从零开始，他们要探索和学习的东西特别多，这其中就包括吃的技能和习惯。最新的营养学研究表明，从出生后到三岁前的这一个阶段，是人一生中生长发育最快、身心发育最全面的时期，也是大脑潜能开发的关键时期。如果饮食科学合理、营养均衡、生活护理得当、教育培养有方，都会为宝宝以后的身心健康，包括体力、智力、心理方面的正常发育提供坚实的后盾。其中，合理的饮食、均衡的营养更是宝宝良好身心发育的重中之重，而一个健康聪明的宝宝也是每一位妈妈的心愿。

**《宝宝辅食添加营养计划》由复旦大学教授邵玉芬，携手国内顶级专家团队编写。**参与本书编写的专家们学术精湛，热心科普宣教工作，在繁忙的工作之余将宝宝辅食添加的知识和经验奉献给年轻的爸爸和妈妈们！

**本书的编写宗旨就是：营养辅食，给宝宝最需要的！**以0~3岁宝宝的辅食添加和营养配餐为纵线，分阶段阐述，包括辅食添加的最佳时机、宝宝爱吃的营养配餐的添加要领、156道婴儿辅食与幼儿营养配餐完美方案，以及妈妈们最关心的食品安全、食材选购、搭配宜忌问题。翻开本书，你会惊喜地发现，全书编排合理、内容实用、语言生动，并配有大量精美彩图！

**我们的专家团队倡导：0～3岁宝宝的辅食添加和营养配餐，大致可以分成六个阶段，新手妈妈应根据宝宝的不同阶段实施相应的营养添加方案。**宝宝4~6个月大时，就要开始添加辅食了。为此，我们编写了《宝宝辅食添加营养计划》，介绍了为宝宝添加辅食和营养配餐的目的、原则等内容，还针对不同月龄宝宝的营养需求和身体特点，分阶段介绍了宝宝的辅食特点和营养菜谱，帮助妈妈有针对性地给宝宝补充营养。

辅食添加的第一个阶段是4~6个月，其重点是让宝宝接受辅食，逐渐熟悉各种食物的味道和感觉，锻炼宝宝吞咽和舌头前后移动食物的能力。

第二个阶段是7~9个月，重点是细嚼型辅食的添加，全面补充宝宝的营养，并且开始锻炼宝宝的咀嚼能力。

第三个阶段是10~12个月，重点是咀嚼型辅食的添加，摄取充足营养的同时还需要锻炼宝宝规律性进食的习惯。

第四个阶段是1岁~1岁半，营养餐添加应以软烂型饮食为主。这个阶段的宝宝乳齿将依次出齐，咀嚼消化的能力增强，固体食物大约可占其营养来源的50%。

第五个阶段是1岁半~2岁，这个时期应以混合型饮食为主。

第六个阶段是2~3岁，这个时期可以为宝宝添加全面型的食物了，这个时期添加食物的重点是让宝宝均衡摄取营养，避免宝宝挑食、偏食。

总之，宝宝不同的成长阶段，需要添加不同的食物。聪明的妈妈，会根据宝宝不同生长发育阶段的特点，制作出合适、营养、美味的辅食和配餐，给宝宝添加最需要的成长“养料”，帮助宝宝茁壮成长！

## 第一章 科学喂养第一步：做好给宝宝添加辅食的准备

021

经常食用油炸食品对宝宝的正常发育是极为不利的。

016

3个多月的小雪看到妈妈吃东西，馋得口水都流出来了，她这是暗示妈妈 “妈妈，快快给我添加辅食啦。”

# 第二章 4~6个月断奶初期：适应型辅食，为断奶做准备

# 第三章 7~9个月牙齿始长期：细嚼型辅食，养成健康牙齿

058
补锌 南瓜粥



067
健脑益智 松仁豆腐

071
清热去湿 红豆汤

# 第四章 10~12个月断奶期：咀嚼型辅食，让宝宝适应食物

096

健脑益智 山药稀粥

100

健脑益智 蛋卷蔬菜

113

乌发益智 紫米糊

# 第五章 1岁~1岁半牙齿初成期：软烂型食物，让宝宝学会咀嚼

127
预防便秘 油菜炒香菇

128
乌发益智 芝麻核桃面皮

135
消暑止渴 菱角炒鸡丁

## 116
**1岁~1岁半宝宝，饮食多样化最重要**



## 118
**宝宝喂养知识问答**



## 123
**饮食课堂：学会给宝宝制作营养辅食**

# 第六章 1岁半~2岁牙齿成熟期：混合型食物，呵护宝宝脾胃健康

156 补益气血 洋葱爆牛肉

162 提高免疫力 猕猴桃蛋饼

# 第七章 2~3岁全能运动期：全面型食物，让宝宝茁壮成长

## 第八章 食物是最好的药：宝宝常见病饮食疗法

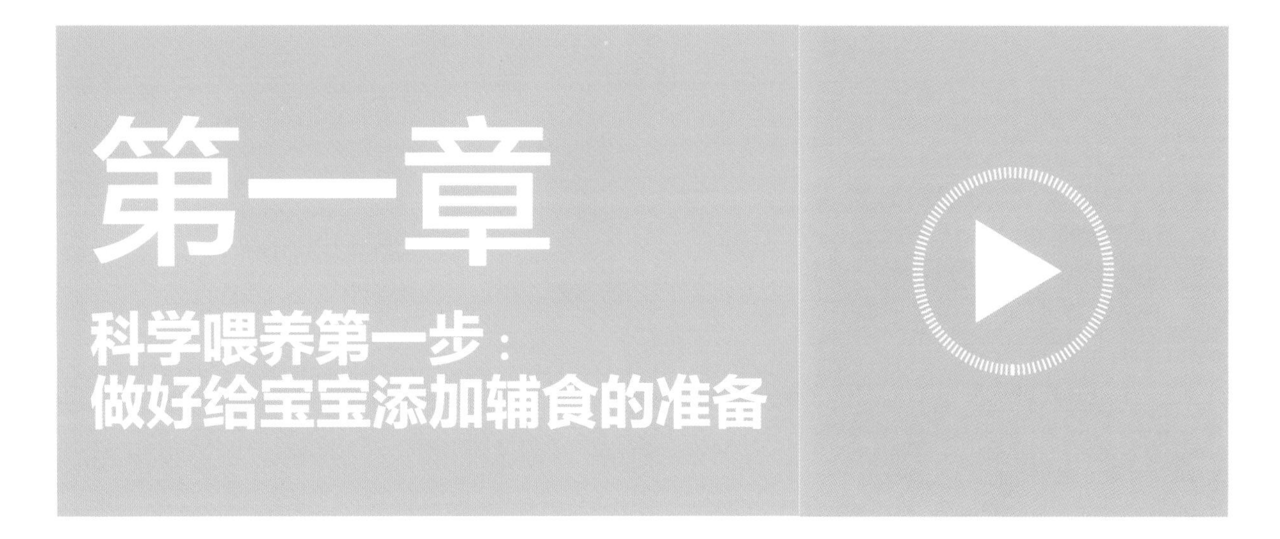


自我出生起，妈妈的乳汁就是我最好的食物。
不过，我在渐渐地长大，大约从我4个月大开始，
母乳渐渐满足不了我生长发育所需要的营养。
这时，为我添加辅食就要逐渐提上日程。
自辅食添加之日起，我也渐渐在为断奶做长期准备。
妈妈千万不要难过，更不要因为乳汁充盈而不给我添加辅食。
要知道，我对辅食的需要，是我健康成长的一大标志哦！
不过，什么时候该给我添加辅食？
给我添加辅食的时候要注意一些什么原则？
如何制作我的辅食？
怎样添加辅食才能保证我的营养？
这些问题妈妈是否都考虑好了？
开始的开始，是妈妈要做好给我喂辅食的全部准备。
然后，我才能安全地、科学地享用我的辅食。

及时添加辅食有助于宝宝乳牙的萌出和健康生长。

## 这些事妈妈要知道

在添加辅食之前，妈妈若对婴儿辅食的添加时机、婴儿的味觉特点等了解清楚，就能及时地、正确地为宝宝添加辅食。

### 添加辅食好处多

太晚或太早添加辅食，都不利于宝宝的健康成长。4个月大前，宝宝的消化吸收系统发育尚不完善，过早添加辅食会增加宝宝的肠胃负担，可能会使宝宝出现消化不良及吸收不良。过晚添加，宝宝所需的营养素不能得到及时补充，可能会导致宝宝生长速度减缓、抵抗力下降、营养不良等。可见，适时添加辅食，是宝宝健康成长的需要。具体来说，适时添加辅食有以下好处：

●**补充母乳中营养素的不足**。随着婴儿生长发育的加速和营养素需要量的增加，仅靠母乳或牛乳已经不能满足宝宝所需要的营养素；哺乳后期，母乳的分泌量减少，婴儿体内的铁、锌的储存量减少。基于上述原因，乳制品以外的辅助食品的添加就显得非常重要了。

●**咀嚼有利于促进婴儿长牙**。高度的咀嚼功能是预防错牙和畸形牙最自然的方法之一。出生5~6个月后，婴儿的颌骨与牙龈已发育到一定程度，足以咀嚼半固体或软软的固体食物。乳牙萌出后咀嚼能力进一步增强，此时适当增加食物硬度，让其多咀嚼，反而有利于牙齿、颌骨的正常发育。

●**为宝宝断奶做好准备**。婴儿的辅食又称断奶食品，是指从单一的乳汁喂养到完全断奶这一段时间内为宝宝所添加的“过渡”食品，而非仅仅指宝宝断奶时所需的全部食品。学吃辅食是婴儿减少对母亲依赖的开始，也是精神断奶的开始。

●**增强宝宝的消化机能**。婴儿出生时消化系统尚未成熟，只能适应乳类食物。随着月龄的增加，胃容量逐渐扩大，消化吸收功能不断完善。添加辅食可增加宝宝唾液及其他消化液的分泌量，增强消化酶的活性，促进牙齿的发育，训练宝宝的咀嚼、吞咽能力。婴儿各个器官的成熟和功能的完善都有相应的关键期，学习咀嚼的敏感期在婴儿出生后4~6个月，错过了这个阶段，被压抑的潜能就无法再充分挖掘，也就错过了某些功能的发育关键期，如肠道功能、咀嚼功能等。

●**训练宝宝的吞咽能力**。从习惯吸食乳汁到吃接近成人的固体食物，宝宝需要一个逐渐适应的过程。从吸吮到咀嚼、吞咽，宝宝需要学习另外一种进食方式，这一般需要半年或者更长的时间。

●**丰富宝宝的味觉体验**。小时候品尝到多种口味，会为宝宝以后接受多种食物打下良好的基础，宝宝长大后不容易挑食、偏食。

●**促进宝宝的智力发育**。科学地添加辅食可以让宝宝在学习吃的过程中促进感知觉的发育，如12对脑神经中的嗅神经、视神经、动眼神经、听神经、吞咽神经等神经潜能的开发与完善。也就是说，添加辅食不仅关系到宝宝是否能摄取到充足的营养，而且对宝宝的智力发育，特别是语言发育非常有帮助。因为不同硬度、不同形状和不同大小的食物可以训练宝宝的舌头、牙齿以及口腔之间的配合，促进口腔功能的发育，使表达语言的“硬件设备”趋于成熟。

### 4~6个月，是添加辅食的最佳时机

日子一天天过去，宝宝也在一天天成长，很多新手妈妈都想知道从什么时候开始给宝宝添加辅食比较好。

过去认为宝宝4个月时可开始添加辅食，但在2005年世界卫生组织通过的新版宝宝喂养报告中提出，在喂养宝宝的过程中，前6个月宜纯母乳喂养，6个月以后再开始添加辅食。世界卫生组织之所以发出这种报告，是因为，研究认为，母乳可以全面满足6个月内宝宝所需的全部营养，是宝宝的最佳食品。6个月时宝宝的各个器官发育日趋成熟，较适合添加辅食。那么，在添加辅食的时候，到底是要在宝宝4个月时添加呢，还是要在宝宝6个月后添加呢？

在这里要提醒妈妈们的是，虽然现在世界卫生组织提倡宝宝6个月后添加辅食，但是每个宝宝的生长发育情况不一样，个体也存在一定的差异，因此，在给宝宝添加辅食时，要有一定的灵活性。一般来说，在宝宝4~6个月时可以开始尝试给宝宝添加辅食。母乳喂养的宝宝6个月时可开始添加辅食，而配方奶喂养或混合喂

养的宝宝则要早一些。在给宝宝添加辅食的时候，妈妈们一定要根据宝宝的健康及生长发育情况来定，千万不可盲目地照本宣科。

### 何时添加辅食，取决于宝宝发出的信号

既然4~6个月期间已经可尝试给宝宝添加辅食，那么妈妈要如何判断是否需要开始给宝宝添加辅食呢？其实，只要宝宝从生理到心理都做好了吃辅食的准备，他会向妈妈发出许多小信号。

●**意犹未尽**。宝宝吃母乳或配方奶后还有一种意犹未尽的感觉，宝宝还在哭，似乎没吃饱。母乳喂养的宝宝每天喂8~10次，配方奶喂养的宝宝每天的总奶量达到1000毫升仍然表现出没吃饱的样子，这时就要想一想是否该给宝宝添加辅食了。

●**相关行为**。妈妈可以根据宝宝所出现的一些相关的行为，如流口水、咬乳头或大人吃饭时宝宝在一旁垂涎欲滴等，来判断给宝宝添加辅食的时机。

●**能吞咽食物**。宝宝喜欢将东西放到嘴里，并伴有咀嚼的动作。当你把一小勺泥糊状食物放到他嘴边，他会张开嘴，不再将食物吐出来，而能够顺利地咽下去，不会被呛到。

●**身高体重未达标**。在爸爸妈妈带宝宝去做每个月的例行体检时，医生会告诉你宝宝的身高、体重增长是否达标。如果宝宝身高、体重增长没达标，可以向医生咨询是否该给宝宝添加辅食了。

## 辅食添加六大原则

在给宝宝添加辅食的时候，妈妈一定要坚持以下原则，这样可以让宝宝更加顺利地接受辅食，对宝宝的健康也更为有利。

▲ 3个多月的小雪看到妈妈吃东西，馋得口水都流出来了，她这是暗示妈妈：“妈妈，快快给我添加辅食啦。”

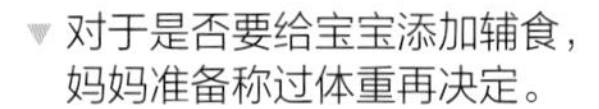

▼ 对于是否要给宝宝添加辅食，妈妈准备称过体重再决定。

### 添加辅食要循序渐进

在给宝宝添加辅食的时候，妈妈千万不可一次给宝宝添加好几种辅食，那样极易让宝宝产生不良反应。建议妈妈在给宝宝添加辅食的时候，一定要让宝宝对不同种类、不同味道的食物有一个循序渐进的接受过程。妈妈在1~2天内给宝宝所添加的食物种类不要超过两种，在给宝宝添加辅食后，观察宝宝在3~5天内是否出现不良反应，排便是否正常；若一切正常，则可试着让宝宝尝试接受新的辅食。

在给宝宝添加辅食的时候，妈妈应按“淀粉（谷物）→蔬菜→水果→肉类”的顺序来添加。

### 添加辅食要逐步加量

初试某种新食物时，最好由一小勺尖那么少的量开始，观察宝宝是否出现不舒服的反应，然后才能慢慢加量。比如添加蛋黄时，先从1/4个甚至更少量的蛋黄开始，如果宝宝能耐受，1/4的量保持几天后再增加到1/3的量，然后逐步加量到1/2、3/4，直至整个蛋黄。

### 辅食浓度由稀到稠

最初可用母乳、配方奶、米汤或水将米粉调成很稀的稀糊来喂宝宝，确认宝宝能够顺利吞咽、不吐不呕、不呛不噎后，再由含水分多的流质或半流质渐渐过渡到含水分少的泥糊状食物。

### 辅食质地由细到粗

千万不要在辅食添加的初期阶段尝试米粥或肉末，无论是宝宝的喉咙还是小肚子，都不能耐受这些颗粒粗大的食物，还会因吞咽困难而使宝宝对辅食产生恐惧心理。

正确的辅食添加顺序应当是汤汁→稀泥→稠泥→糜状→碎末→稍大的软颗粒→稍硬的颗粒状→块状等。

▲ 最初可调制稀糊来喂宝宝。

### 添加辅食以少盐为原则

4个月以内的宝宝，由于肾脏功能尚不完善，不宜吃盐。宝宝摄取的钠主要来源于母乳或配方乳、市售婴儿食品和家庭自制食品。一般来说，前两者就能满足宝宝对钠的需要，家庭自制食品用盐如控制不好的话，会使宝宝摄入的钠明显增多，加重肾脏负担。因此，在菜泥、果泥、蛋黄等自制辅食中，不应加盐。6月龄宝宝开始吃菜粥或烂面条时再考虑加少许盐，以能尝到一点咸味为度。此外在添加顺序上，应先添加蔬菜、后添加水果，因为宝宝喜欢甜的味道，先尝到水果甜味的宝宝，有可能会拒绝蔬菜。

### 出现不适，立即停止

妈妈们在给宝宝添加辅食的时候，如果宝宝出现腹泻、过敏或大便里有较多的黏液等状况，需立即停止对宝宝的辅食喂养，待宝宝身体恢复正常之后再给宝宝添加辅食。需要注意的是，令宝宝过敏的食物不可再添加。

总之，在给宝宝添加辅食的时候，不要完全照搬他人的经验或者照搬书本的方法，要根据具体情况，灵活掌握，及时调整辅食的数量和品种，这是添加辅食中最值得父母注意的一点。例如，在宝宝患病的时候不要添加从来没有吃过的辅食；在添加辅食过程中，如果宝宝出现了腹泻、呕吐、厌食等情况，应该暂时停止添加，等到宝宝消化功能恢复，再重新开始，但数量和种类都要比原来少，然后逐渐增加。

## 辅食器具准备齐

既然打算给宝宝添加辅食了，就得先把道具备齐。辅食喂养需要准备的道具包括妈妈制作辅食所用的器具和宝宝吃辅食需要的餐具。

### 准备器具

在准备好给宝宝添加辅食后，爸爸妈妈就要给宝宝制作辅食了。但在制作辅食前，爸爸妈妈还需备齐辅食制作工具。

● **纱布**：制作果汁或菜汁时，纱布可用来滤渣。

● **铁汤匙**：可以用来刮下质地较软的水果果肉，如哈密瓜、蜜瓜等，在制作肝泥的时候，也会用到。

● **菜刀和砧板**：可以用来剁碎食物。砧板是每日多次使用的器具，无论是木制砧板，还是塑料砧板，都要常洗、常消毒。最简单的消毒方法是开水烫，有条件时，也可以选择日光晒。最好给宝宝用专用砧板制作辅食，这对减少交叉感染十分有效。

● **小汤锅**：可以用来烹煮食物或是煮汤，如制作菠菜泥等。

● **电饭锅**：可用来蒸熟或蒸软食物，如蒸甘薯。

● **磨泥器**：可用来制作水果泥，如梨泥、苹果泥。

● **过滤器**：可用来过滤食物渣滓，在给宝宝制作果汁、菜汁的时候使用比较多，网眼很细的不锈钢滤网或消过毒的纱布都可以起到过滤的作用。使用过滤器之前要用开水烫一遍，使用后要清洗干净并晾干消毒。

▼纱布 ▼塑胶碗 ▼防洒碗

▶塑胶杯 ◀宝宝专用的汤匙

▼毛巾布围兜

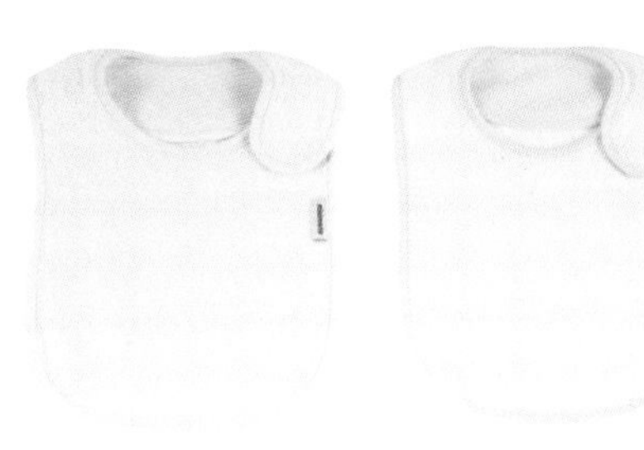

▼有袖围兜

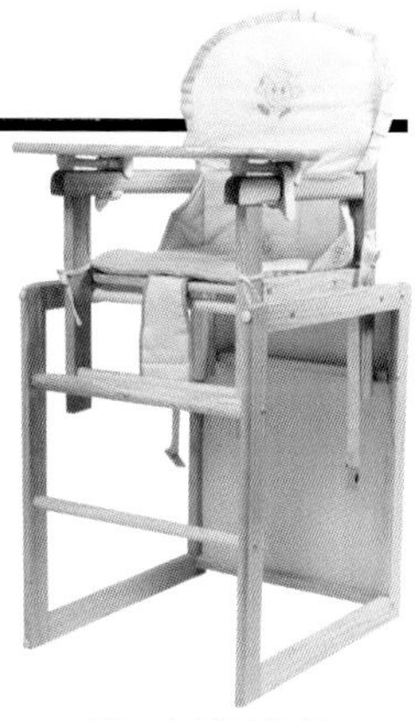

▲带固定装置的椅子

**准备餐具**

现在，要开始喂养宝宝辅食了，爸爸妈妈就要准备一套供宝宝专用的餐具啦。

● **塑胶碗**：给宝宝准备1~3个塑胶碗，塑胶碗不像陶瓷碗那么易碎，比较适合给宝宝装辅食。

● **防洒碗**：一些塑胶碗带有吸力圈，可以将碗牢牢地固定在桌子上或托盘上，这就是防洒碗。

● **塑胶碗**：在给宝宝选择喂养辅食所用的塑胶碗时，应选用高级、无毒、耐用的塑胶制成的小碗。

● **塑胶杯**：塑胶材质的杯子较轻，便于携带，也便于稍大的宝宝自行使用，爸爸妈妈在选择杯子的时候，可以选择此类杯子。

● **汤匙**：宝宝专用的汤匙一定要好拿、不滑溜、不易摔碎，汤匙的前端圆钝不尖锐。

● **围兜**：爸爸妈妈还要给宝宝准备几个有塑胶衬里的毛巾布围兜，围兜衬里及两边的系带可以使宝宝的衣服不被食物弄脏，最适合几个月大的宝宝使用。当宝宝再长大一些后，妈妈可以给宝宝使用能够遮住前胸和双臂的有袖围兜。也可以使用塑胶围兜，塑胶围兜可以用来兜住面包屑或是其他食物。

● **带固定装置的椅子**：当宝宝可以坐稳之后，妈妈可以给宝宝准备一把带固定装置的椅子，喂养宝宝辅食的时候，让宝宝坐到这种椅子上，照顾起来十分方便。

## 科学喂养，莫入辅食添加“雷区”

6个月大的宝宝，消化器官已经发育得比较完善，对乳类以外的食物也有了消化能力，并且宝宝本身也对乳品外的食物表现出了极大的兴趣。这时，不管妈妈的乳汁是否充盈，妈妈都应给宝宝适当地添加点辅食。

但给宝宝添加辅食并不是一件简单的事儿，其中也蕴含着诸多的科学喂养知识，不少新手爸妈由于受到“旧思想”的影响，稍有不慎，就会步入以下9大辅食喂养的误区。

**辅食可以替代乳类吗**

宝宝6个月大的时候，大多数妈妈都开始给宝宝添加辅食了。有些妈妈认为，宝宝既然已经可以吃辅食了，就可以减少宝宝对母乳或其他乳类的摄入了，这种看法是错误的，母乳依然是6个月大的宝宝最佳的食品。母乳尽管看起来很稀薄，但实际上，母乳中含有的营养和所供给的能量比任何辅食都多且质优。而辅食只能作为一种补充食品，妈妈莫要急于用辅食将母乳替换下来，否则会影响宝宝的健康成长。

到了6个月左右，大多数母乳喂养的宝宝，就开始爱吃辅食了。无论宝宝是否喜欢吃辅食，妈妈都不能因为辅食的添加而影响母乳的喂养。

### 辅食吃得越多长得越壮吗

有些妈妈总是担心宝宝的营养不够，希望宝宝能够吃得更多、吃得更饱。平时，只要宝宝有想吃东西的意愿，妈妈就从不限制，还经常给宝宝吃一些超级“营养”食品，如奶油蛋糕、巧克力、炸鸡腿等。小宝宝这么吃下去，会变得越来越胖，可妈妈却认为没什么，反而认为现在宝宝越胖越漂亮，再说，以后宝宝长个子的时候还会恢复“苗条”身材的。

殊不知，妈妈让宝宝吃过多辅食，摄入过量的营养，不但会对宝宝的健康造成影响，还会对宝宝的智商造成影响。有些妈妈看到这儿可能就有反对意见了，宝宝经常吃得饱饱的，才营养充足嘛，再说了，饱不饱和智商有什么关系呢？下面就给大家一一列举过于饱食对于宝宝智商所犯下的五宗罪。

**第一宗罪**：宝宝过于饱食后，大量血液会存积于宝宝的胃肠道以消化食物，这会造成宝宝大脑缺血、缺氧，很可能会对宝宝的脑部发育造成影响。

**第二宗罪**：宝宝经常过于饱食会导致宝宝的大脑智能区域的生理功能受到抑制。

**第三宗罪**：宝宝过于饱食会导致脂肪在体内堆积而引起“肥脑症”，肥胖会使宝宝大脑皮层的回变浅，大脑的皱褶消失，大脑皮层呈平滑样，对宝宝的智力造成影响。

**第四宗罪**：宝宝过于饱食还会导致大脑早衰。研究显示，过于饱食会诱发人体内产生纤维芽细胞生长因子，它可能会导致大脑早衰。

**第五宗罪**：宝宝的饮食大多以高营养的精细食物为主，吃了之后容易发生便秘。宝宝便秘后，代谢产物长

▲6个月左右，大多数妈妈都已开始为宝宝适量添加辅食。需要注意的是，辅食不可随意添加，否则，会影响宝宝的健康。

▼瞧这小家伙长得，小胳膊一节一节的，邻居看了都夸她身体棒。原来，这要归功于妈妈及时给她喂养了辅食。不过，辅食喂养虽必要，但可不是吃得越多越好啊！

时间处于消化道内，经肠道作用后会产生大量有害物质。这些有害物质经过肠道吸收，会进入到人体的血液循环，对大脑产生刺激，引发脑神经细胞慢性中毒，影响宝宝脑部的正常发育。

因此，爸爸妈妈在喂养宝宝的过程中，一定要注意科学喂养，均衡饮食。只要宝宝的生长发育正常，就无须让宝宝吃过多的食物。

### 可以添加形形色色的调味品吗

在给宝宝制作辅食的过程中，爸爸妈妈对于制作辅食的原材料十分关心，却忽视了辅食中的一些调味品。殊不知，在辅食中所加入的一些调味品会对宝宝的饮食和健康产生不利影响。一些常见调味品对宝宝的危害如表1-1所示。

建议爸爸妈妈在为宝宝制作辅食时，应尽量避免添加表格中的调味品，以保证宝宝的健康。

### 给宝宝加“油水”会引起动脉硬化吗

有些妈妈认为，小宝宝的血管十分稚嫩，容易被“油水”伤着，担心给宝宝加“油水”会引起宝宝动脉硬化，小小年纪就患上高血压或心脏病。因此，宝宝6个月时，有些妈妈对于给宝宝添加辅食十分认真，按照月龄一点儿不差地去做，可就是不给小宝宝加点儿“油水”。

其实，和成人一样，小宝宝也是需要脂肪的。脂肪乃是小宝宝生长发育必需的三大营养素之一，对于宝宝的健康有着重要的作用。如果宝宝缺乏脂类营养，不仅会影响宝宝的大脑和组织器官的发育，还会引发一系列脂溶性维生素缺乏症，如皮肤湿疹、皮肤干燥脱屑等。

妈妈给宝宝添加辅食时，应该适当给宝宝加点儿“油水”。植物性脂肪的吸收率较高，宝宝成长必需的脂肪酸含量也较高，较为适合给宝宝添加。

表1-1 常见调味品对宝宝的危害

| 调味品 | 不宜添加的理由 |
|---|---|
| 味精 | 味精中含有钠元素，食用过量不利于宝宝健康，长期食用还会引起味觉迟钝 |
| 咖喱 | 咖喱中的挥发油、辣味等成分具有较强的刺激性，不适合1岁以内的宝宝食用 |
| 花椒粉、姜粉、芥末等 | 花椒粉、姜粉、芥末等具有很强的刺激性，不宜在宝宝消化系统未成熟时食用 |
| 米醋 | 在宝宝味觉尚未发育成熟时，辅食中经常加醋，会让宝宝对辅食失去兴趣 |

### 为何不要经常给宝宝吃油炸食品

有些妈妈知道了给宝宝加“油水”有益于宝宝的健康后，便经常给宝宝吃油炸食品。而油炸食品中的炸薯条、炸土豆片，恰恰是宝宝超爱的小食品，吃起来更是不亦乐乎。看到宝宝吃得那么香，妈妈也十分开心。殊不知，经常食用油炸食品对宝宝的正常发育是极为不利的。

▶ 经常食用油炸食品对宝宝的正常发育是极为不利的。

油炸食品在制作过程中，因为油的温度过高，会使食物中所含有的维生素被大量地破坏，从而降低了宝宝从这些食物中获取维生素的量。如果制作油炸食品时反复使用以往使用过的剩油，对人体健康十分有害，因为剩油里面会含有十多种有毒的不挥发物质。另外，油炸食品也不好消化，易使宝宝的胃部产生饱胀感，从而影响宝宝摄取其他食物的兴趣。

▲妈妈可以给宝宝适当吃些零食，清淡有营养的圣女果可以说是不错的零食选择。

## 从不让宝宝吃零食好吗

有些妈妈从不让宝宝吃零食，她们认为零食会影响宝宝的正常饮食，妨碍宝宝身体对营养的摄取。妈妈们的这种想法是很不科学的。

研究显示，宝宝恰当地吃一些零食有助于营养均衡，是宝宝摄取多种营养的一条重要途径。妈妈可以给宝宝吃零食，关键是要把握一个科学尺度，在此过程中，要注意以下几点:

- **时间安排要恰当。**给宝宝吃零食的时间要恰当，最好安排在两餐之间吃。
- **量要控制好。**每次要适当控制宝宝的零食量，莫让零食影响正餐。
- **选择合适的食品。**要选择清淡、易消化、有营养的小食品，如新鲜水果、奶制品等。

## 让宝宝吃过多甜食好吗

妈妈应避免让宝宝过多食用含糖量高的食物，蛋糕更不能多吃。

6个月的宝宝对味道更加敏感，而且容易对喜欢的味道产生依赖，尤其是甜食，很多宝宝都喜欢。但如果大量进食含糖量高的食物，宝宝得到的能量补充过多，就不会产生饥饿感，不会再去想吃其他食物。久而久之，吃甜食多的宝宝从外表上看，长得胖乎乎的，体重甚至还超过了正常标准，但是肌肉很虚软，身体不是真正健康。宝宝甜食吃多了还容易患龋齿，不仅影响乳牙生长，还会影响将来恒牙的发育。所以，妈妈千万不要给宝宝吃过多的甜食。

## 可以让宝宝喝蜂蜜水吗

蜂蜜不但甜美可口，而且还含有丰富的维生素、葡萄糖、果糖、多种有机酸和有益人体健康的微量元素，是一种比较好的滋补品。但是，蜂蜜中可能存在着肉毒杆菌芽孢，成人抵抗力强，食用后不会出现异常；但宝宝的抵抗力较差，肠道菌群发展不平衡，食用后容易引起食物中毒。肉毒杆菌中毒的宝宝可出现迟缓性瘫痪、哭声微弱、吸奶无力、呼吸困难等症状。建议爸爸妈妈不要给一岁以下的宝宝喂食蜂蜜。

## 可以让宝宝喝茶吗

茶水具有利尿之功效，宝宝喝茶之后尿量增加，会对宝宝的肾脏功能造成影响。茶水中含有大量的鞣酸，会影响人体对铁元素的吸收，导致宝宝患缺铁性贫血。另外，茶水中的鞣酸、茶碱等成分还会刺激宝宝的胃肠道黏膜，影响营养物质的吸收。

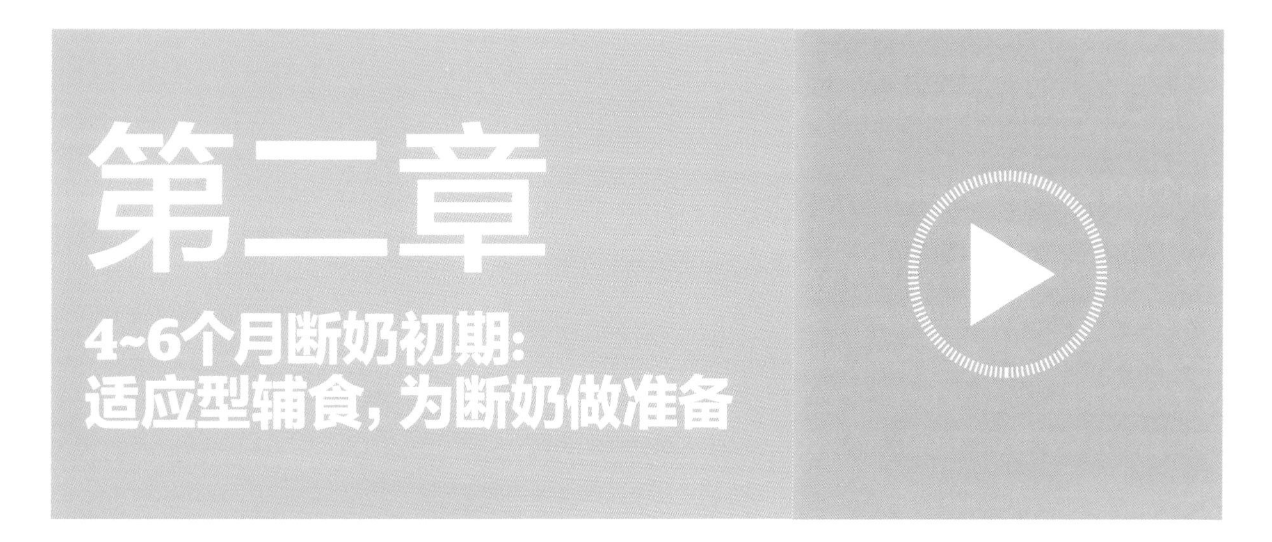


从第四个月起，我的牙龈就有点痛。
妈妈给我清理口腔时，发现好像有个白白的小尖尖要冒出来，
于是喜滋滋地对我说："宝贝，你要长牙齿啦！"
可是，我的牙龈开始红肿，口水也增多了，
原来长牙齿这么不舒服，真是让人烦躁不安呀！
妈妈，拿点东西给我咬吧！这样会比较有利于我的牙齿的生长，还能缓解我的不适感。
这段日子，我渐渐变成一个小馋猫了。
看到大人们津津有味地吃东西，
我也很想尝尝：那些东西会比妈妈的乳汁更香甜可口吗？
我还不会说话，所以我只能用特别的方式提醒妈妈——该给我添加辅食了。
妈妈，当你看到我在你们吃东西时流着口水做着吞咽的动作，
你就可以给我添加一些乳汁之外的合适的美味了。
这个时候，我的身体需要补充铁、钙、叶酸和维生素，妈妈你可要帮我选好食物哦！

## 4~6个月，让宝宝学会适应食物

出生后的第四个月，宝宝体内的铁、钙、叶酸和维生素等营养素会相对缺乏。为满足宝宝成长所需的各种营养素，从这一阶段起，妈妈就应该适当给宝宝添加淀粉类和富含铁、钙的辅助食物了。不过，总的来说，初期阶段让宝宝适应食物比靠辅食摄取食物更加重要。

### 4~6个月宝宝的饮食能力独白

4个月大时，我将食物自动吐出来的挤压条件反射消失，能将吸和吞的动作分开，开始有意识地张开小嘴巴接受食物了。当妈妈给我喂辅食时，我会将食物放在舌头上吸（一直习惯于吸乳汁的我，暂时还不会用别的方式来对付食物，不过，我会努力学习的），并用舌头将食物移动到口腔后部，进行上下方向的咀嚼运动，还可将半固体食物吞咽下去。

5个月大时，我开始有意识地咬食物。这个阶段，我对食物的微小变化已很敏感，能区别酸、甜、苦等不同的味道。爸爸妈妈注意了，这一时期是我味觉发育的关键期，所以要好好引导，以免我养成不好的饮食习惯。我的消化系统已比较成熟，能够开始消化一些淀粉类、泥糊状食物了。

6个月大时，我长出了第一颗乳牙。这表明，我的饮食能力有了质的飞跃，以后我可以慢慢接触固体食物啦！（人一生中有两副牙齿，即20颗乳牙和32颗恒牙。出生时，在颌骨中已有骨化的乳牙牙孢，但未萌出，4~6个月乳牙开始萌出，6个月时多数开始出现下切牙，即门牙。宝宝乳牙的萌出时间存在较大的个体差异，12个月尚未出牙则可向口腔科医生进行咨询。恒牙的骨化则从新生儿时期开始。）

◀ 4~6个月时，我已经能很好地控制头和躯干，并能伸手抓或扒取食物。

## 4~6个月，添加汤汁类、糊状类饮食

这个时期妈妈可以根据宝宝吃的能力，添加一些果汁、菜汁、米汤等汤汁类食物，也可适当添加泥糊状食物，如婴儿米粉、蔬菜泥、水果泥、蛋黄泥(有家族过敏史的宝宝要到6个月以后再喂蛋黄)等。爸爸妈妈可以根据表2-1来给4~6个月的宝宝添加适当的辅食。

表2-1　4~6个月宝宝的食物选择

| 食物类别 | 食用范围 | 注意事项 |
| --- | --- | --- |
| 谷类 | 大米、小米、糯米 | 小米、燕麦、黑米 需5个月中后期方可食用 |
| 蔬菜 | 小南瓜、甜南瓜、白萝卜、白菜、西红柿、土豆、甘薯、卷心菜、黄瓜、冬瓜、山药 | 南瓜和冬瓜要去掉皮和籽 |
| 水果 | 苹果、香蕉、梨子、西瓜、雪梨 | 香蕉要去掉两头，只食用中间部分 |
| 鸡蛋 | / | 可以少量吃一点蛋黄 |
| 豆类 | / | 豌豆在5个月后食用，四季豆在6个月后食用 |

### 如何给宝宝添加辅食

接到宝宝需要添加辅食的信号后，新手父母就要着手给宝宝添加辅食了。不过，万事开头难，初给宝宝添加辅食，妈妈可以这样做:

● **第一次添加辅食的时间。**第一次添加辅食的时间建议选择在上午11点左右，在宝宝饿了正准备吃奶之前给他调一些米粉，让他吃两勺，相应地把奶量减少三四毫升。逐渐地，这顿辅食越加越多，奶量越来越少，一般到七八个月以后这顿饭就可以完全被辅食替代了。有些妈妈喜欢在两顿奶之间给宝宝加辅食，隔两个小时就加1次，这样妈妈很累不说，宝宝总是处于半饿半饱的状态，饥饿感不强吃起来自然不香，而且宝宝的消化系统也得不到休息。

● **添加辅食的次数。**第一次添加1~2勺(每勺3~5毫升)，每日添加1次即可，若宝宝消化吸收得好再逐渐加到2~3勺。观察3~7天，没有不良反应，如呕吐、腹泻、皮疹等，再添加第二种。按照这样的速度，宝宝1个月可以添加4种辅食，这对于宝宝品尝味道来说已经足够了。妈妈千万不要太着急，这个阶段的宝宝还是要以奶为主。如果宝宝有过敏反应或消化吸收不好，应该立即停止添加的食物，等1周以后再试着添加。食欲好的宝宝或6个月的宝宝可一日添加两次辅食，分别安排在上午11点钟和下午起床后。

● **控制辅食添加量，保证奶类摄入量。**奶和奶制品仍然是这一阶段宝宝的主食，因为4~6个月宝宝的胃肠道功能还不够完善，对辅食的消化、吸收能力还远远不如对奶类的消化能力强。如果辅食添加得过多，辅食中的营养宝宝吸收不了多少，而奶的摄入量又明显减少，宝宝的生长发育肯定会受影响。控制辅食的添加量和保证奶的摄入量才能保证宝宝有全面、充足的营养。一般每日哺乳6次(可断夜间奶)，每隔4小时1次，辅食1~2次。每日饮奶量应保证600~800毫升，但不要超过1 000毫升。

● **尽量让宝宝吃接近天然的食物。**开始进食辅食对宝宝来讲是重要的基础，从添加辅食开始让宝宝养成对营养食物的喜好，尽量给宝宝吃接近天然的食物，最初就建立健康的饮食习惯，会让宝宝受益一生。

## 辅食喂养知识问答

恐怕所有的妈妈都有这样的心情，那就是恨不得把所有好的东西都给宝宝。可是，宝宝需要的不是最好的，而是最适合的。新手妈妈们你们可知道如何给宝宝添加最合适的辅食吗?

### 自制辅食和市售辅食哪种好

自己做的辅食和市售的辅食各有其优缺点。市售的婴儿辅食最大的优点是方便，即开即食，能为妈妈们节省大量的时间。同时，大多数市售婴儿辅食的生产受到严格的质量监控，其营养成分和卫生状况得到了保证。

◀妈妈若时间足够，最好亲自给宝宝做辅食。

因此，如果没有时间为宝宝准备合适的食品，而且经济条件许可，不妨选用一些有质量保证的市售的婴儿辅食。但妈妈们必须了解的是，市售的婴儿辅食无法完全代替家庭自制的婴儿辅食。因为市售的婴儿辅食没有各家各产的特色风味，当宝宝度过断奶期后，还是要吃家庭自制的食物，适应家庭的口味。在这方面，家庭自制的婴儿辅食显然有着很大的优势。

因此，自制还是购买婴儿辅食，应根据家庭情况选择。

## 挑选辅食注意哪些问题

许多妈妈在选择市售的辅食时，以为价位高或进口的食品一定是最好的，故常常求贵贪洋，不仅花了不少冤枉钱，有时宝宝的营养反而亮起红灯。其实辅食并非越贵越好，了解一些必要的选购常识和方法，就能挑选到经济而实惠的辅食。

● **注意品牌和商家。**一般而言，知名企业的产品质量较有保证，卫生条件也能过关，所以最好选择好的品牌、大的厂家生产的食品，以免影响到宝宝的健康。

● **价高不一定优质。**虽然有些食品价格高，但营养不一定优于价格低的食品，因为食品的价格与其加工程序成正比，而与食品来源成反比。加工程序越多的食品营养素丢失得越多，但是价格却很高。

● **进口的不一定比国产的好。**进口的婴幼儿食品，产品价格高是由于包装考究、原材料进口关税高、运输费用昂贵造成的，其营养功效与国产食品也差不多。妈妈选购时要根据不同年龄宝宝的生长发育特点，从均衡营养的需要出发有针对性地选择，这样花不了多少钱就会得到很好的效果。

## 喂辅食时，宝宝不配合怎么办

喂辅食时，宝宝吐出来的食物可能比吃进去的还要多，有的宝宝在喂食中甚至会将头转过去，避开汤匙或紧闭双唇，甚至可能一下子哭闹起来，拒绝吃辅食。遇到类似情形，妈妈不必紧张。

● **宝宝从吸吮到进食辅食需要一个过程。**在添加辅食以前，宝宝一直是以吸吮的方式进食的，而米粉、果泥、菜泥等辅食需要宝宝“吃”下去，也就是先要将汤匙里的食物吃到嘴里，然后通过舌头和口腔的协调运动把食物送到口腔后部，再吞咽下去。这对宝宝来说，是一个很大的跨度。因此，刚开始添加辅食时，宝宝会很自然地顶出舌头，似乎要把食物吐出来。

● **宝宝可能不习惯辅食的味道。**新添加的辅食或甜、或咸、或酸，这对只习惯奶味的宝宝来说也是一个挑战，因此刚开始时宝宝可能会拒绝新味道的食物。

● **妈妈需弄清宝宝不愿吃辅食的原因。**对于不愿吃辅食的宝宝，妈妈应该弄清是宝宝没有掌握进食的技巧，还是他不愿意接受这种新食物。此外，宝宝情绪不

▼了解相应的选购常识和方法，有助于挑选到经济而实惠的辅食。

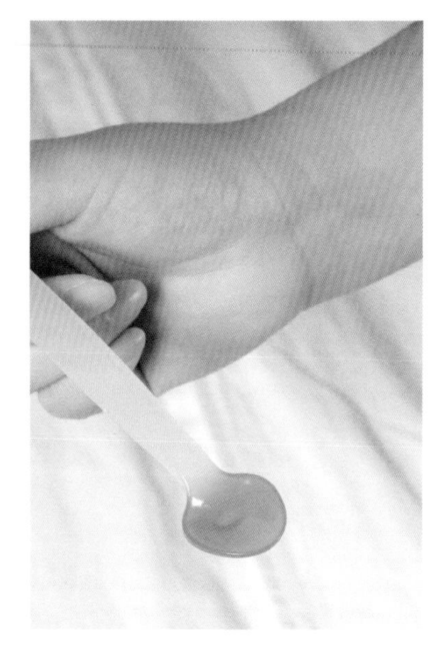

▲ 选择合适的勺子。

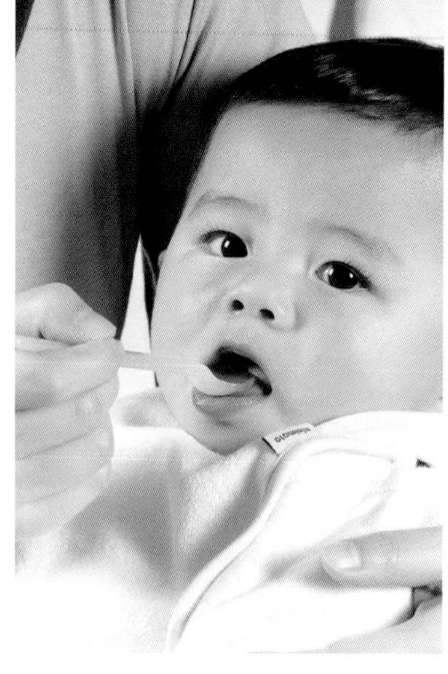

▲ 轻轻地平伸，放到宝宝的舌尖上。

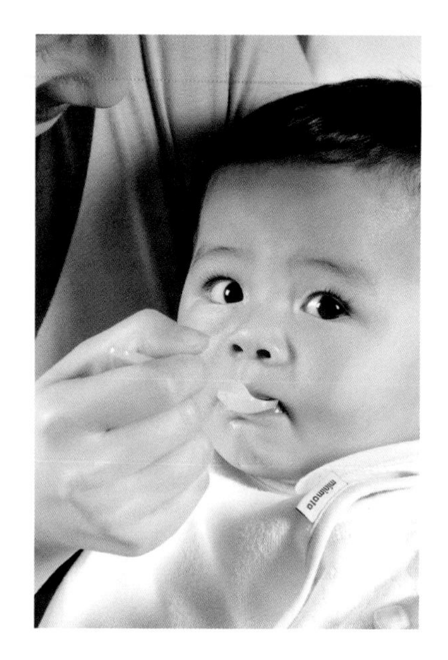

▲ 观察宝宝的反应。

佳时也会拒绝吃新的食品，妈妈可以在宝宝情绪好时让宝宝多次尝试，慢慢让宝宝掌握进食技巧，并通过反复地尝试让宝宝逐渐接受新的食物口味。喂辅食时妈妈必须非常小心，不要把汤匙过深地放入宝宝的口中，以免引起宝宝作呕，从此排斥辅食和汤匙。

妈妈要掌握一些喂养技巧。喂养的时候，可以采取以下方法。

● **选择大小合适、质地较软的勺子。**在喂养的过程中，建议选择大小合适、质地较软的勺子。

● **轻轻地平伸，放到宝宝的舌尖上。**不要让勺子进入宝宝口腔的后部或用勺子压住宝宝的舌头，否则会引起宝宝的反感。

● **开始时只在勺子的前面装少许食物。**如果宝宝将食物吐出来，妈妈就将食物擦掉，然后再将勺子放在宝宝的上下唇之间，让他接着吃。

● **添加辅食的时候，应注意观察宝宝的反应。**如果宝宝很饿，看到食物就会手舞足蹈。相反，如果宝宝不饿，则会将头转开或是闭上眼睛，遇到这种情况，爸爸妈妈一定不要强迫宝宝进食，因为如果宝宝在接受辅食的时候心理受挫，就会给他日后接受辅食带来极大的负面影响。

## 如何预防宝宝食物过敏

要防治宝宝食物过敏，在给宝宝添加辅食时需注意以下两点。

● **按正确的方法添加辅食，并观察有无不良反应。**在给宝宝添加辅食时，要按正确的方法和顺序，先加谷类，其次是蔬菜和水果，最后是肉类。每添加一种新食品时，都要细心观察是否出现皮疹、腹泻等不良反应。如有不良反应，则应该停止喂这种食品。隔几天后再试，在如果仍然出现前述症状，则可以确定宝宝对该食物过敏，应避免再次喂食。

● **找出引起过敏的食物并且严格避免这种食物**。这是目前治疗食物过敏的唯一方法，然而要准确地找出致敏食物并非易事。妈妈应耐心、细致地观察进食各种食物与产生过敏症状之间的关系，最好能记“食物日记”，记下宝宝吃的食物与出现症状之间的关系。妈妈也可通过对宝宝食物过敏的筛查性检查，如皮肤针刺试验等，初步找出可能的致敏食物，然后再通过食物激发实验来确认致敏食物。并注意从宝宝食谱中剔除这种食物后，必须用其他食物替代，以保持宝宝的膳食平衡。

### 宝宝“挑食”怎么办

有些宝宝在添加辅食后，对某种甜或咸的食物特别感兴趣，会一下子吃很多，同时会拒绝喝奶和吃其他辅食。对这种宝宝，妈妈们可不能由着他们。

● **对某种食物吃得过多易造成宝宝胃肠道功能紊乱**。不加限制地让宝宝吃不但可能使宝宝吃得过多，造成胃肠道功能紊乱，而且会破坏宝宝的味觉，使宝宝以后反而不喜欢这种味道了。

● **不要让宝宝养成偏食、挑食的习惯**。不偏食、不挑食的良好饮食习惯应该从添加辅食时开始培养。在添加辅食的过程中，应该尽量让宝宝多接触和尝试新的食物，丰富宝宝的食谱，讲究食物的多样化，从多种食物中得到全面的营养，达到平衡膳食的目的。

# 饮食课堂：学会给宝宝制作营养辅食

## 清凉解渴
## 苹果汁

**原料：**

熟透的苹果1个。

**做法：**

①将苹果洗干净后切成两半，去掉皮、核。

②将苹果切成小块，放入榨汁机榨汁。

③榨出的汁用1倍温开水冲调即可。

### 解答妈妈最关心的问题

【提供给宝宝的营养】苹果含有丰富的糖类、维生素C、蛋白质、胡萝卜素、果胶、单宁酸、有机酸以及钙、磷、铁、钾等营养物质，是喂养4~6个月宝宝首选的水果。

【选购安全食材的要点】新鲜的苹果表皮发黏，并且能看到一层白霜。新鲜的苹果应该结实、清脆、色泽光鲜，并且有一股香味，质地紧密。而储藏时间比较长的苹果外形皱缩，熟过了的苹果在表皮轻轻一按就很易凹陷。

【食材搭配的宜与忌】

宜：苹果与牛奶同食可清凉解渴；苹果与清淡的鱼肉搭配，更加营养丰富，美味可口。

忌：苹果与白萝卜同食，可产生抑制甲状腺功能的物质，诱发甲状腺肿。

温馨提示：

由于苹果所含果糖和果酸较多，有较强的腐蚀作用，吃后最好及时给宝宝漱口。

## 消食化积
# 白萝卜汁

**原料：**

新鲜白萝卜1/4个。

**做法：**

① 将白萝卜洗净、去皮、切片。

② 放入开水中煮10~15分钟，凉温后随时饮之，现饮现煮。

### 解答妈妈最关心的问题

【提供给宝宝的营养】白萝卜含有丰富的维生素C和微量元素锌，有助于增强机体的免疫功能，提高抗病能力；白萝卜中的芥子油能促进胃肠蠕动，增加食欲，帮助宝宝消化。

【选购安全食材的要点】应选择个体大小均匀，根形圆整、表皮光滑、皮色正常的；白萝卜不能贪大，以中型偏小为佳。这种白萝卜肉质比较紧密、充实，烧出来成粉质，软糯，口感好；白萝卜应选择比重大，分量较重，掂在手里沉甸甸的。这一条掌握好了，就可避免买到空心萝卜如糠心萝卜、肉质成菊花心状萝卜。

【食材搭配的宜与忌】

宜：白萝卜的消化功能很强，若与豆腐伴食，有助于宝宝吸收豆腐的营养。

忌：白萝卜忌与胡萝卜、橘子、柿子、人参、西洋参同食。

**温馨提示：**
白萝卜还是一味中药，其性凉，味辛、甘，可消积滞，化痰清热。

## 补血健脾
# 小米红枣粥

**原料:**

干红枣4枚，小米少许。

**做法:**

① 将干红枣浸软洗干净。

② 将浸软的红枣掰开后与淘洗干净的小米一起加水煮成稠粥，按需取津汤喂食。

### 解答妈妈最关心的问题

【提供给宝宝的营养】干红枣产热量极高，每100克红枣可产热1200~1300千焦，而且富含蛋白质、果糖、果胶、钙、磷、核黄素、烟酸等。药理研究发现，红枣能促进白细胞的生成，降低血清胆固醇，提高人体的免疫力。

【选购安全食材的要点】挑枣时，不要一味注重枣的大小，而要看整个枣的饱满度，好枣皮色紫红且皮薄，颗粒大而均匀、果形短壮圆整，皱纹少、痕迹浅。可以将红枣掰开看看里头的枣肉，劣质或软化的红枣，掰开后坏掉的部分枣肉是褐色的，而优质的红枣，掰开来枣核小，整个枣肉颜色均匀，质地厚实，有弹性且饱满。

【食材搭配的宜与忌】

宜: 红枣可以和牛奶搭配做成粥，牛奶红枣粥含有丰富的蛋白质、脂肪、碳水化合物和钙、磷、铁、锌及多种维生素，能给宝宝补血、开胃、健脾。

忌: 红枣与海蟹同食，易得疟疾。

温馨提示:
本品非常适合给4~6个月的添加辅食初期的宝宝食用。

## 补充维生素
# 西红柿汁

**原料：**

西红柿1个。

**做法：**

①将锅置于火上，加适量水，放入西红柿煮2~3分钟后捞出。

②熟西红柿剥去皮，用消毒纱布把汁挤出。

③将挤出的汁用1倍温开水冲调即可。

### 解答妈妈最关心的问题

【提供给宝宝的营养】优良的西红柿不仅含有丰富的维生素C、维生素P、钙、铁、铜、碘等营养物质和具有抗氧化作用的番茄红素，还含有柠檬酸和苹果酸，可以促进宝宝的胃液对油腻食物的消化。

【选购安全食材的要点】优良的西红柿要圆、大、有蒂，硬度适宜，富有弹性。不要购买带长尖或畸形的西红柿，这样的西红柿大多是由于过量使用植物生长调节剂造成的，还需注意不要购买着色不匀、花脸的西红柿，因为这很可能是由于西红柿病害造成的，味道和营养均很差。

【食材搭配的宜与忌】

宜：西红柿宜略微煮一下后食用。西红柿中的番茄红素溶于油脂中更易被人体吸收，因此，生吃时番茄红素摄入量比较少。

忌：西红柿不宜与黄瓜同食。黄瓜含有一种维生素C分解酶，会破坏其他蔬菜中的维生素C，西红柿富含维生素C，如果二者一起食用，会达不到补充营养的效果。

温馨提示：

未成熟的青西红柿不宜给宝宝吃。因为未成熟的西红柿中，含有大量有毒的番茄碱，人吃后会出现头晕、恶心、呕吐、流涎、乏力等中毒症状。

## 预防夜盲症
# 白菜汁

**原料：**

新鲜白菜200克。

**做法：**

① 将锅置于火上，加适量水烧开。

② 放入白菜略煮，取出后切成小块。

③ 将白菜块放入榨汁机中榨汁即可。

### 解答妈妈最关心的问题

【提供给宝宝的营养】白菜汁中富有维生素A、维生素C，可促进宝宝发育和预防夜盲症。另外，白菜汁中含的硒有助于防治宝宝弱视，还可以促进造血功能。白菜中所含的锌，也高于肉类和蛋类，有促进幼儿生长发育的作用。

【选购安全食材的要点】挑选包心的大白菜以直到顶部包心紧、分量重、底部突出、根的切口大的为好。

【食材搭配的宜与忌】

宜：白菜和豆腐是最好的搭档。豆腐含有丰富的蛋白质和脂肪，白菜含有丰富的维生素C，可增加机体对感染的抵抗力，豆腐与白菜相佐，相得益彰。

忌：宝宝有腹泻症状的时候忌食大白菜。

温馨提示：

白菜中含有破坏维生素C的氧化酶，这些酶在60~90℃范围内会使维生素C受到严重破坏，同时维生素是怕热、怕煮的物质，所以沸水下锅，一方面缩短了蔬菜加热的时间，另一方面也使氧化酶无法起作用，维生素C得以保存。

## 健脾养胃
# 大米汤

**原料：**

大米200克，清水适量。

**做法：**

① 将大米用清水淘洗干净，放到锅里，加上适量的水煮。
② 先用大火将水烧开，再改成小火煮20分钟左右。
③ 取上层的米汤喂给宝宝。

### 解答妈妈最关心的问题

【提供给宝宝的营养】大米汤类辅食主要是给宝宝补充适量的碳水化合物、矿物质以及少量的维生素、食物粗纤维。大米汤具有补脾、健胃、清肺等功效。

【选购安全食材的要点】优质的大米米粒饱满，洁净，有光泽，纵沟较浅，掰开米粒其断面呈半透明白色。闻之有清新气味，蒸熟后米粒油亮，有嚼劲，气味喷香。

【食材搭配的宜与忌】

宜：大米汤具有补脾、和胃、清肺的功能，尤其适合病后肠胃功能较弱的宝宝食用。

忌：暂无。

温馨提示：
喂宝宝喝大米汤时要注意温度：不能过烫，以免烫伤宝宝。

## 补充氨基酸
# 冬瓜汁

**原料:**

新鲜冬瓜3~4片。

**做法:**

①冬瓜去皮、去瓤，切片。

②将冬瓜片放入开水中煮10~15分钟，取清汤喂食宝宝即可。

### 解答妈妈最关心的问题

【提供给宝宝的营养】冬瓜是营养价值很高的蔬菜，营养学家研究发现，每100克冬瓜含蛋白质0.4克、碳水化合物1.9克、钙19毫克、磷12毫克、铁0.2毫克及多种维生素，特别是维生素C的含量较高（每100克含有18毫克），是西红柿的1.2倍。另外，冬瓜含有除色氨酸外的其他7种人体必需氨基酸，其中包括儿童特需的组氨酸，谷氨酸和天门冬氨酸含量也较高，还含有鸟氨酸和Y-氨基丁酸；营养丰富而且结构合理，营养质量指数计算表明，冬瓜为有益健康的优质食物。

【选购安全食材的要点】挑选冬瓜的时候主要看冬瓜的品质。除早采的嫩瓜要求鲜嫩以外，一般晚采的老冬瓜则要求：发育充分，老熟，肉质结实，肉厚，心室小；皮色青绿，带白霜，形状端正，表皮无斑点和外伤，皮不软，不腐烂。

【食材搭配的宜与忌】

宜：冬瓜和鸡肉一同煮食，有清热消肿的功效。

忌：烹饪冬瓜的时候不要加醋，加入醋会降低冬瓜的营养价值。

温馨提示：

冬瓜有良好的清热解暑功效，夏季多吃些冬瓜不但解渴、消暑、利尿，还可使宝宝免生疔疮。

## 清热消暑
# 西瓜汁

**原料：**

西瓜瓤100克。

**做法：**

①西瓜瓤去子。

②将西瓜瓤放入碗内，用匙捣烂。

③用纱布滤取西瓜汁，用温开水调匀即可。

### 解答妈妈最关心的问题

【提供给宝宝的营养】西瓜性凉，有清热利尿的作用，对发热的宝宝很有好处。喂宝宝西瓜汁的时候最好先用温开水稀释，每次不要喂得太多。

【选购安全食材的要点】选购西瓜时，花皮瓜类，要纹路清楚，深淡分明；黑皮瓜类，要皮色乌黑，带有光泽。无论何种瓜，瓜蒂、瓜脐部位向里凹入，藤柄向下贴近瓜皮，近蒂部粗壮青绿，都是成熟的标志。用拇指摸瓜皮，感觉瓜皮滑而硬则为好瓜，瓜皮黏或发软为次瓜。

【食材搭配的宜与忌】

宜：吃西瓜后尿量会明显增加，这可以减少胆色素的含量，并可使大便通畅，对治疗黄疸有一定作用。

忌：西瓜忌与羊肉同食。

温馨提示：
夏季西瓜放冰箱冷藏不宜超过1个小时。如超过1小时，可能会有许多营养流失。

## 补肝明目
# 胡萝卜泥

**原料:**

胡萝卜20克。

**做法:**

① 胡萝卜洗干净去皮，切成片。

② 将胡萝卜片放入蒸锅蒸软，压成泥，取一小团直接用小勺喂给宝宝吃，也可以用母乳或者配方奶粉调制后喂给宝宝吃。

### 解答妈妈最关心的问题

【提供给宝宝的营养】胡萝卜中含丰富的β-胡萝卜素，可促进上皮组织生长，增强视网膜的感光力，是婴儿必不可少的营养素。

**温馨提示:**

宝宝开始长牙时牙齿痒，常咬人咬物，把胡萝卜洗干净切成大小合适的萝卜条，让宝宝啃着玩，既可以当辅食，又有助于长牙。

## 促进营养吸收
# 糯米山药粥

**原料:**

糯米、大米各50克，山药适量。

**做法:**

① 山药去掉皮，洗干净后切成小块。

② 糯米和大米洗干净后加水煲粥，至七成熟后放入山药一起煲煮至熟，晾凉即可给宝宝喂食。

### 解答妈妈最关心的问题

【提供给宝宝的营养】山药含有淀粉酶、多酚氧化酶等物质，有利于提高脾胃的消化吸收功能，是一味平补脾胃的药食两用之品。

**温馨提示:**

如果觉得煮好的粥颗粒较大不利于宝宝吞咽，可以用食品料理机搅打成细腻的糊状再喂给宝宝吃。

## 润肺生津
# 香蕉糊

**原料：**

熟透的香蕉半根，鲜牛奶2勺。

**做法：**

① 香蕉剥皮，用小勺把香蕉捣碎，研成泥状。
② 把捣好的香蕉泥放入小锅里，加2勺鲜牛奶，调匀。
③ 用小火煮2分钟左右，边煮边搅拌。

## 解答妈妈最关心的问题

**【提供给宝宝的营养】**香蕉富含碳水化合物，并含有多种维生素；此外，还有人体所需要的钙、磷、铁等矿物质。香蕉味甘、性寒，具有清热、生津止渴、润肺滑肠的功效。

**【选购安全食材的要点】**选购香蕉时，以果指肥大，果皮外缘棱线较不明显，果指尾端圆滑者为佳。香蕉有梅花点食味较佳。选购时留意蕉柄不要泛黑，如出现枯干皱缩现象，很可能已开始腐坏，不可购买。

**【食材搭配的宜与忌】**

**宜：**香蕉与燕麦同食，可以改善睡眠，让宝宝睡得香。

**忌：**香蕉与芋头同食，容易导致胃部不适、腹部胀满疼痛。

**温馨提示：**
不宜给空腹的宝宝喂香蕉吃。香蕉中有较多的镁元素，镁是影响心脏功能的敏感元素，对心血管产生抑制作用。空腹吃香蕉会使人体中的镁骤然升高而破坏人体血液中的镁钙平衡，对心血管产生抑制作用，不利于宝宝的身体健康。

## 促进骨骼发育
# 鸡汤豆腐泥

**原料:**

鸡汤适量，豆腐1块。

**做法:**

① 将豆腐切成小块，加入鸡汤煮熟。取一小块煮熟的豆腐碾碎喂宝宝吃。

② 初次尝试时不宜多吃，且在宝宝月龄满5个月时再吃，以免宝宝出现腹胀。

### 解答妈妈最关心的问题

【提供给宝宝的营养】豆腐及豆腐制品的蛋白质含量丰富，而且属于优质蛋白，不仅含有人体必需的多种氨基酸，且比例也接近人体需要，营养价值较高。豆腐中丰富的大豆卵磷脂有益于神经、血管、大脑的生长发育。豆腐还含有铁、钙、磷、镁等人体必需的多种元素，对牙齿、骨骼的生长发育也颇为有益。两小块豆腐即可满足一个人一天钙的需要量，且在造血功能中可增加血液中铁的含量。

【选购安全食材的要点】优质豆腐呈均匀的乳白色或淡黄色，稍有光泽。块形完整，软硬适度，富有一定的弹性，质地细嫩，结构均匀，无杂质，并具有豆腐特有的香味。

【食材搭配的宜与忌】

宜：豆腐宜与鱼同食。二者同食，蛋白质的组成更合理，营养价值更高。

忌：豆腐最好不要和菠菜一起煮。菠菜营养丰富，有“蔬菜之王”之称，但是菠菜里含有很多草酸，每100克菠菜中约含300毫克草酸。豆腐里含有较多的钙质，两者若同时进入人体，可在人体内发生化学变化，生成不溶性的草酸钙，人体内的结石正是草酸钙、碳酸钙等难溶性的钙盐沉积而成的，所以最好不要把菠菜和豆腐一起煮着吃。

温馨提示：因豆腐性寒，脾胃虚寒、经常腹泻的宝宝要忌食。

## 补充能量
# 葡萄汁

**原料：**

葡萄适量。

**做法：**

① 将葡萄洗净，去掉果皮和籽，放入碗中。

② 将葡萄肉放入搅拌机搅拌，取汁，以1：1的比例兑入白开水即可。

### 解答妈妈最关心的问题

【提供给宝宝的营养】葡萄中的糖是葡萄糖，能很快被人体吸收，迅速补充能量。葡萄中含的类黄酮是一种强力抗氧化剂，可抗衰老，并清除体内自由基。

【选购安全食材的要点】一般果穗大，果粒饱满，外有白霜的葡萄品质最佳。果粒紧密的葡萄，因生长时不透风，见光差，故口味较酸；反之，果粒疏，颜色深者较甜。

【食材搭配的宜与忌】

忌：吃完葡萄不能立刻喝牛奶，葡萄中含有的维生素C会和牛奶起反映，导致腹泻。

温馨提示：
葡萄的皮和籽一定要去掉，葡萄皮可能会有残留的农药污物，葡萄籽有可能卡住宝宝，必须去除。

## 提高免疫力
# 油菜粥

**原料:**

大米50克，油菜40克，精盐少许。

**做法:**

① 将油菜洗干净，放入开水锅内煮软，切碎备用。

② 将大米洗干净，用水泡1个小时，放入锅内，加水煮40分钟左右，停火前加入精盐及切碎的油菜，再煮10分钟即成。

**解答妈妈最关心的问题**

【提供给宝宝的营养】此粥黏稠适度，含有宝宝发育所需要的蛋白质、碳水化合物、钙、磷、铁和维生素C、维生素E等多种营养素。油菜为含维生素和矿物质最丰富的蔬菜之一，有助于宝宝增强机体免疫能力。

【选购安全食材的要点】选购油菜，应以新鲜、脆嫩、叶绿，并且无虫咬、无疤痕的为好。

【食材搭配的宜与忌】

宜: 油菜宜与豆腐同食，可止咳平喘，增强宝宝免疫力。

忌: 油菜不宜与南瓜同食，会降低油菜的营养价值。

温馨提示:

油菜性偏寒，凡脾胃虚寒、大便溏泄的宝宝不宜多食。

## 排毒、防便秘
# 猕猴桃汁

**原料:**

猕猴桃5个。

**做法:**

① 将猕猴桃用流水清洗干净，剥去外皮。

② 放入榨汁机中榨出猕猴桃汁。

### 解答妈妈最关心的问题

【提供给宝宝的营养】猕猴桃又名奇异果，富含维生素C，号称水果之王。猕猴桃中还有丰富的膳食纤维，它不仅能降低胆固醇，促进心脏健康，而且可以帮助消化，防止便秘，快速清除并预防体内堆积的有害代谢物。

温馨提示:
腹泻宝宝不宜食用猕猴桃，过敏宝宝也不宜食用。

## 明目养肝
# 草莓汁

**原料:**

草莓30个。

**做法:**

① 将草莓用流水清洗干净。

② 放入榨汁机中榨出草莓汁。

### 解答妈妈最关心的问题

【提供给宝宝的营养】草莓中所含的胡萝卜素是合成维生素A的重要物质，具有明目养肝的作用。

温馨提示:
草莓外表粗糙，而且皮很薄，一洗就破。要把草莓洗干净，最好用自来水不断冲洗，流动的水可避免农药渗入果实中。洗干净的草莓也不要马上榨汁，最好再用淡盐水或淘米水浸泡5分钟。

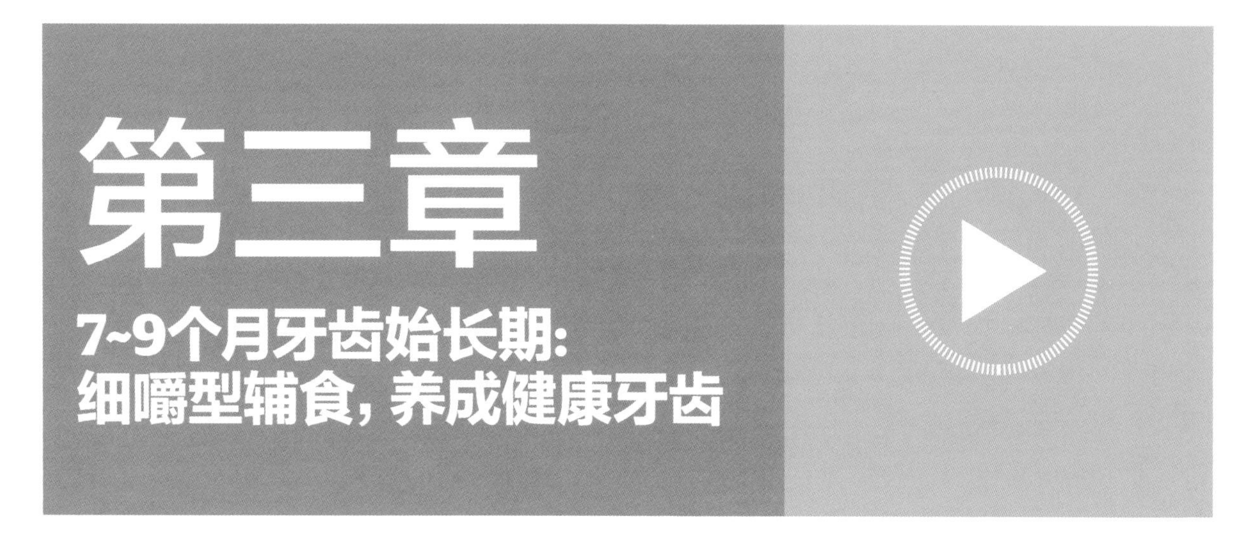


妈妈的乳汁很甘甜也很有营养，
不过到现在，单靠母乳已经不能满足我的成长需要了，
并且，这时候的我已经冒出一两颗牙牙，更多的牙牙也正准备蓬勃而出。
我的胃肠道的发育也开始成熟了，
吃东西的能力有了很大的进步——
这个时候的我，已经能够上下运动舌体，
通过舌体和上颚来碾碎碎末状的食物了。
所以，妈妈不妨给我喂一些半固体或固体食物吧，
蛋黄泥、水果泥、蔬菜泥、肉泥等都适合我。
这些菜菜不但能提供丰富的营养素，而且还能促进我的牙牙的萌出和健康生长。
哇，我的口水又流出来了，
妈妈给我端来了什么好吃的呢？

# 7~9个月：添加半固体或固体状辅食

如果之前的辅食喂养计划是科学有序进行的，那么到这个阶段，宝宝已经接受了汁水、糊状和泥状食物成为日常饮食的一部分了。因此，到本阶段，可以给宝宝添加一些磨碎或者煮软的半固体或者固体状辅食了。

## 7~9个月断奶宝宝添加四类辅食

7~9个月是宝宝以吃奶为主到1岁左右以吃饭为主的过渡时间，也就是断奶期。宝宝断奶期的辅食主要有4大类，即谷类、蔬菜水果类、动物性食品及豆类、油脂和糖类。

- **谷类**。这是最容易为宝宝接受和消化的食物，所以添加辅食时也大多先从谷类食物开始，如粥、米糊、汤面等。宝宝长到7~8个月时，牙齿开始萌出，这时可给宝宝一些饼干、烤馒头片、烤面包片，帮助磨牙，促进牙齿生长。

- **蔬菜和水果类**。这类食物富含宝宝生长发育所需的维生素和矿物质，如绿叶蔬菜含较多的B族维生素，胡萝卜含有较丰富的维生素D、维生素C，橘子、苹果、西瓜含维生素C。对于7~9个月的宝宝，可以适当喂一些鲜果汁或泥、蔬菜汁或泥，以补充维生素和矿物质，同时预防便秘。

- **动物性食品及豆类**。主要指鸡蛋、肉、鱼、奶等，豆类指豆腐和豆制品，这些食物富含蛋白质。对于7~9个月的婴儿来说，母乳喂养者每日每千克体重需供给蛋白质2~5克，混合喂养者、人工喂养者需供3~4克。

- **油脂和糖类**。宝宝胃容量小，所吃的食物量少，热能不足，所以必须摄入油脂和糖这类体积小、热能高的食物，但要注意不宜过量，油脂应是植物油而不是动物油。

▲7~9月是宝宝的断奶期。

**表3-1　7~9个月宝宝食物的选择**

| 食物类别 | 可以食用的食物 | 注意事项 |
|---|---|---|
| 谷类 | 黑米、小米、大麦、玉米 | 糙米要磨碎后才可食用（宝宝如有过敏反应，大麦、高粱米、玉米要在1岁以后食用） |
| 蔬菜 | 菇类、藕、胡萝卜、山药、南瓜、菠菜、小白菜、小油菜、西蓝花 | |
| 水果 | 苹果、西瓜、香蕉 | 橙子要在宝宝9个月后食用 |
| 肉类 | 牛肉、鸡肉(瘦肉) | 不要放油 |
| 鲜鱼 | 鳕鱼、鲳鱼、比目鱼、明太鱼、白鲢等白肉鲜鱼 | 小银鱼在宝宝8个月以后食用，但要去掉咸味 |
| 鸡蛋 | 鸡蛋黄 | 蛋白不可以食用 |
| 豆类 | 豆腐、大豆、四季豆 | 四季豆一定要熟透方可喂食 |
| 牛奶 | | 如无过敏症状，纯酸奶、婴儿用奶酪在宝宝8个月后可以食用 |
| 海藻类 | 没有用调料加工过的生紫菜、海带 | |
| 坚果类、油脂类 | 芝麻、松仁、葡萄干、大枣 | 芝麻要在宝宝8个月以后食用 |

## 7~9个月宝宝添加辅食的5大原则

乳类及乳制品是婴儿阶段主要的营养来源，每日仍应保证宝宝摄入600~800毫升的乳制品，但不要超过1000毫升。同时，7~9个月的宝宝大多已经长出乳牙，所以应及时添加半固体或固体食物，来锻炼宝宝的咀嚼能力，促进宝宝牙齿的生长。

### 1. 添加时机和方式

最初可在每天傍晚的一次哺乳后补充淀粉类食物，以后逐渐减少这一次哺乳时间而增加辅食量，直到完全以辅食喂给而不再喂奶。按照这种方式每天可安排2~3次奶、1餐谷类辅食、1次点心(水果或蔬菜)，辅食的量可以逐渐加至2/3碗(6~7匙)。

### 2. 注意观察宝宝的反应

改变食物的性状时要注意观察宝宝的大便，如果出现腹泻则说明宝宝对食物的性状不接受，出现了消化不良，应该停止添加新性状的食物。可以待宝宝大便情况正常后，少量添加一些新性状的食物，或者把食物做得更细软一些。

### 3. 特别注意宝宝辅食的食品安全

宝宝因年幼体弱，易感染各种疾病，所以家长在喂养时，应注意饮食卫生，严防病从口入。

一定要选用新鲜的蔬菜、水果，选择那些无农药污染、无霉变、硝酸盐含量低且新鲜干净的食物给宝宝。

提倡给宝宝食用带皮水果的果肉，如橘子、苹果、

▲ 给宝宝做辅食的材料，一定要是天然的、无污染的蔬果。

▲长了牙齿的萱萱可以吃更多美味的食物啦。瞧她看到食物后小嘴合不拢的样子，仿佛在说：“哇，好多美味的食物啊，长了小牙的我现在究竟吃什么好呢？”

香蕉、木瓜、西瓜等，这类水果的果肉部分受农药污染与病原感染机会较少。

对于已经买回家的可疑的蔬菜，可以用蔬菜清洗剂或小苏打浸泡后再用清水冲洗干净。根茎类蔬菜或水果，一律要削皮后再烹调或食用。

鱼的体表经常会有寄生虫和致病菌，鱼腹腔内的黑膜，是淤积有毒物质的，做鱼时要把鱼鳞刮净，把鱼腹腔内的黑膜去掉。鸡、鸭、鹅的臀尖也会聚积有毒物质，一定要去掉。

尽量不用消毒剂、清洗剂洗宝宝用的餐具、炊具、砧板、刀等，以免化学污染。可以采用开水煮烫的办法保持厨具卫生。

#### 4. 训练宝宝独立进食

这一阶段宝宝喜欢用手抓东西吃，应该鼓励宝宝自己动手吃，因为学会独立进食是一个必经的过程。可以为宝宝准备一些能用手抓着吃的食物，比如黄瓜条、长条饼干等。

#### 5. 培养宝宝良好的进食习惯

要让宝宝养成在固定地点、固定时间吃饭的习惯，让宝宝慢慢形成吃饭的概念。另外，要让宝宝养成专心吃饭的习惯，不要让宝宝一边吃一边玩，或是一边吃一边看电视，也不要在喂宝宝吃饭时和宝宝说太多的话，或是和其他家庭成员聊天。大人的行为对宝宝影响很大，宝宝会不自觉地模仿大人，所以让宝宝做到的大人一定要先做到。

### 合理添加辅食，助力健康牙齿

在这个阶段，宝宝已经开始长牙了，每个妈妈都希望宝宝能够拥有一口洁白、健康的牙齿，其实，只要妈妈在喂养宝宝的过程中，让宝宝吃对食物，那么，让宝宝拥有一口洁白、健康的牙齿并不是梦想。

### 1. 适当吃些富含蛋白质的食物

蛋白质对于宝宝的牙齿形成、发育、钙化、萌发起着至关重要的作用，如果宝宝平日饮食摄入的蛋白质不足，会造成宝宝牙齿萌出异常、牙齿形态异常等。

所以在给宝宝添加辅食的时候，妈妈要注意给宝宝适当地多吃富含蛋白质的食物，如蛋、奶等。

### 2. 适当吃些粗糙耐嚼食物

很多妈妈认为细软的食物有助于宝宝更好地消化和吸收，便整天给宝宝吃细软的食物。殊不知，宝宝吃这样的食物时，咀嚼力度比较小，时间也比较短，长期会影响宝宝牙齿及上下颌骨的发育，导致宝宝牙齿排列不齐、牙颌畸形、颜面畸形和咀嚼肌发育不良等。为了避免上述情况的发生，妈妈应根据宝宝的发育情况来给宝宝选择食物的质地，可由流质（汤汁）或半流质（糊状）转换成半固体（泥状）或固体食物。妈妈要注意让宝宝适当吃些粗糙耐嚼的食物，这样可以有效提高宝宝的咀嚼能力，有利于颌骨的发育和恒牙的萌出。

需要提醒妈妈的是，这一时期，虽然宝宝可以吃一些固体食物了，但母乳或配方奶仍然是宝宝的主要营养来源，建议这一阶段妈妈每天应喂4次奶，外加两餐固体食物，但具体到每个孩子身上则要个体化，按需喂养，不可教条照搬。

### 3. 适当吃些富含维生素的食物

充足的维生素对于宝宝牙齿的发育极为重要。维生素A和维生素C有助于牙龈组织的健康，B族维生素和维生素C对于骨胶和造釉器的形成具有重要作用，维生素D有助于钙的沉淀及吸收。因此，在给宝宝添加辅食的时候，妈妈一定要保证宝宝能够摄入充足的维生素，注意让宝宝适当吃些水果、蔬菜及动物肝脏等食物。

▲ 胡萝卜富含维生素A，妈妈在这一阶段可以给宝宝做些胡萝卜泥吃。

### 4. 适当吃些富含矿物质的食物

牙齿的主要成分是钙和磷，因此适当吃些富含矿物质的食物可以让牙齿变得更加坚固。妈妈可以让宝宝适当吃些乳类、粗粮、大豆、海带、黑木耳等食物。

### 5. 适当吃些含氟较多的食物

氟可以和牙齿中的钙磷化合物形成不易溶解的氟磷灰石，从而可以有效防止细菌所产生的酸对牙齿的侵蚀，妈妈可以让宝宝适当吃些富含氟的食物，如鱼、虾、海带等。

# 辅食喂养知识问答

7~9个月的宝宝尚不会用语言表达自己吃辅食的感受，大多只是妈妈给什么吃什么。妈妈只能摸索着给宝宝喂辅食，同时不断解决宝宝在吃辅食的过程中抛出来的问题。下面的这些疑问，是不是也正困扰着你呢?

## 粗粮、细粮要合理搭配

宝宝吃米粉的同时也同样要吃杂粮，米粉是精制的大米制成的，大米在精制的过程中，包在外面的麸皮以及外皮中的成分都被剥离，而大米的主要营养就在外皮中，所以最后剩下的精米只有淀粉。婴儿米粉中的所谓营养是在后期加工中添进去的，也就是所谓的强化，所以吸收当然也不如天然状态的营养好。俗话说的“精粮养不出壮儿”，其实就是这个道理。

从口味上来说精白米、面比粗粮好吃、可口，但从营养上来说粗粮的营养价值比精白米、面高。稻米和小麦的营养成分部分集中在胚芽、糠麸和米的表面部分，加工越精细，营养素的损失就越大，尤其是维生素$B_1$和维生素E，这两种维生素对人体都有重要作用，是人体所必需的。粗粮中还含有较多的纤维素，能吸收水分和肠道内的有毒物质，可预防便秘和肠道肿瘤的发生。有些杂粮如玉米、小米、高粱等，虽然其蛋白质含量不如米、面，但含有较多胡萝卜素、B族维生素、多种矿物质和纤维素，对人体有利。

因此，宝宝的辅食应粗粮、细粮搭配，经常吃些粗粮、杂粮有利于宝宝的生长发育和健康，同时也可换换口味，使宝宝有新鲜感，避免偏食。

## 添加固体辅食要科学

当宝宝能够在支撑物的帮助下坐起来，能稳定地控制自己的脖子，并且可以把头从一侧转向另一侧的时候，妈妈就要给宝宝添加固体辅食了。这通常发生在宝宝7~9个月大时。可挑选宝宝饥饿、无聊或父母双方都有时间的时候，来喂宝宝吃固体食物。对吃配方奶的宝宝来说，早晨是最合适的时间。如果是母乳喂养，则应该选在母乳分泌量最少的时候，通常是在接近傍晚时。最好在两餐母乳之间喂宝宝固体食物，因为如果同时喂宝宝吃固体食物和母乳，可能会干扰宝宝吸收母乳中珍贵的铁元素。

喂固体食物可以从谷类食物开始，因为谷类引发过敏反应的可能性最小。一开始喂的时候应该用非常小的量，大约是一勺谷类混合几勺母乳或代乳品。需提醒的是，这种谷类粥若太稠，宝宝会难以吞咽，甚至导致

▶宝宝已经能靠支撑物坐起来了，妈妈要考虑给宝宝添加固体辅食了。

食管堵塞。因此，给宝宝喂固态食物不宜太稠，应呈流状，而且应该用一个小的适合宝宝口腔的勺子喂，让粥流进宝宝的嘴里。一些粥可能会从宝宝嘴里流出来，因为宝宝还不习惯把食物送到口腔后部并咽下它们。

妈妈要识别可能发生的食物过敏症，过敏反应的症状通常为腹泻、皮疹、呕吐和绞痛(常为腹部)等。每次试喂新的食物时应该只采用一种，并且至少要有3天的时间间隔才可采用另一种新的食物。最可能引起过敏反应的食物有小麦、花生、柑橘类的水果或者果汁、牛奶、鱼以及鸡蛋清等。

## 常吃“汤泡饭”，容易引起胃病

有些妈妈为了增大宝宝的饮食量，或者因为时间关系，加快宝宝的进餐速度，常给宝宝吃汤泡饭，这样做是不符合食物消化吸收原理的。

吃食物时，食物总要先在嘴里初步加工：大块食物经过牙齿的切磨，变成细小的颗粒，同时唾液腺不断地分泌唾液，舌头也在不停地搅拌食物，食物和唾液充分混合拌匀之后，唾液中的淀粉酶，就可以和食物中的淀粉发生化学作用，把淀粉变成麦芽糖，以便胃肠进一步消化吸收。另外，当舌头在搅拌食物的时候，食物中的滋味能刺激舌头上的味觉神经，刺激立刻传到大脑，大脑即支配胃和胰脏产生消化液，做好接受食物的准备工作。

吃汤泡饭却破坏了这一套工作程序，俗话说“汤泡饭，嚼不烂”，就是这个道理。因饭和汤混在一起，往往不等嚼烂，就滑到胃里去了。由于吃进的食物没有经过充分地咀嚼，唾液分泌不足，食物搅拌不匀，淀粉酶被汤冲淡了，再加上味觉神经没有受到充分的刺激，胃没有收到信号而未能分泌出足够的胃液，消化系统的各道工序都被打乱了。日子一久，就会引发胃病。

需要提醒的是，吃“汤泡饭”不好，并不是说不能让宝宝喝汤。吃饭前喝一点汤，可湿润食道，提高食欲；吃饭时也可喝少量汤，但注意不要把汤泡在饭里。

## 纠正“偏食”，从小抓起

很多宝宝都不喜欢吃蔬菜或是不爱吃某一类的蔬菜。对此，一些爸爸妈妈并未给予重视。殊不知，宝宝一旦养成这个坏习惯，长大后就不太容易接受蔬菜了。到时候，爸爸妈妈再想纠正宝宝的这个坏习惯就难了。

### 1. 爱上蔬菜，从小做起

一般来说，宝宝在幼年时对食物的种类尝试得越多，成年后对生活的包容性就越大，对周围环境的适应能力也就越强。因此，在宝宝很小的时候，就应该注意引导宝宝养成爱吃蔬菜的习惯。

▲ 爸爸妈妈可千万别小瞧了蔬菜哦，蔬菜中含有丰富的维生素和矿物质，对宝宝的生长发育很重要。

▼妈妈可以带头多吃一些蔬菜，成为宝宝的好榜样。

**2. 爸妈示范，引导宝宝**

宝宝不爱吃蔬菜，应适当加以引导。妈妈可以在生活中带头多吃蔬菜，并在宝宝面前表现出吃得津津有味的样子，边吃边对宝宝说："宝宝，今天的菜菜很香哦，宝宝也尝一口吧！"在妈妈的引导下，宝宝便会想要尝一尝妈妈口中所谓的"美食"了。

**3. 让宝宝认识到蔬菜是膳食的一部分**

宝宝的味蕾密度较高，同样味道的敏感度也比较高，因此，宝宝往往会拒绝吃那些有特殊气味的蔬菜，如韭菜、芹菜、胡萝卜、葱、姜等。但其实只要爸爸妈妈不在宝宝面前说这些蔬菜很难吃，也不拒绝让这些蔬菜上桌，并让宝宝逐渐形成一种认识——这些蔬菜也是膳食中的一部分，随着宝宝年龄的增长，他们便会慢慢地接受这些食物。

**4. 改善烹调方法**

很多妈妈较为重视肉类的烹调，对蔬菜的烹调所下的工夫甚少，殊不知，单调的外观和口味也会极大地挫伤宝宝吃蔬菜的积极性。如果妈妈想要让宝宝爱上蔬菜，那么，还需要在烹调方法上多下工夫。

● **把蔬菜做得漂漂亮亮**。宝宝大多对食物的外观要求比较高。如果食物的形状和颜色不能吸引他们，他们多数会将吃饭当成一种负担。因此，在为宝宝准备蔬菜的时候应该尽量将色彩搭配得五彩斑斓，形状做得美观可爱，这样，宝宝便会对蔬菜产生兴趣了。

比如，宝宝若是不喜欢吃胡萝卜，妈妈可以将它切成薄片，将其修成花朵状，宝宝看到它这么漂亮，自然会愿意将“花朵”吃下去了。妈妈还可以在白米中加入甜玉米、胡萝卜小粒、甜豌豆、蘑菇粒，再滴上几滴香油，宝宝看到这碗香喷喷的“五彩米饭”一定会食欲大增的。

● **把蔬菜“藏”起来**。在烹调时，还可以让蔬菜练成“隐身术”，把蔬菜“藏”起来，如宝宝不喜欢吃胡萝卜，妈妈就可以在给宝宝包馄饨时，在肉里混入一些胡萝卜，这样宝宝并不会发觉。妈妈还可以经常在肉丸、包子、饺子、馄饨馅里加一些宝宝平时不喜欢吃的蔬菜，时间长了，宝宝自然就会接受它们。

▲ 爸爸妈妈在为宝宝准备蔬菜的时候应该尽量将色彩搭配得五彩斑斓，形状做得美观可爱，这样，宝宝便会对蔬菜产生兴趣。

▲ 父母可以用讲故事的方式让宝宝爱上蔬菜。

**5. 用故事和知识吸引宝宝**

宝宝都喜欢看图听故事，妈妈可以找一本故事书，用讲故事的方式向宝宝介绍蔬菜的特点，宝宝便会在心理上增加对蔬菜的感情，以后吃饭时便会喜欢上吃蔬菜了。比如，宝宝不喜欢吃胡萝卜，妈妈就可以在给宝宝吃胡萝卜之前，先拿着图画书给宝宝讲小白兔拔胡萝卜的故事，然后给宝宝看胡萝卜的可爱形状，等宝宝的兴趣被激发起来之后，妈妈再将胡萝卜菜端上餐桌，这时，小宝宝便会开开心心地品尝小白兔的食物了。

总之，只要妈妈能够洞悉和把握宝宝的内心，找到宝宝不爱吃蔬菜的原因，多想想方法，就能让宝宝在不知不觉中喜欢上吃蔬菜了。

## 辅食添加不当，宝宝不再强壮

如果宝宝添加辅食以后变瘦了，家长可以从以下几个方面找原因，然后采取相应的对策。

● **奶量不够**。由于辅食添加不当或者其他原因影响了宝宝正常进食的奶量，由此造成营养吸收不足。

● **辅食添加不够**。母乳喂养的宝宝没有及时添加辅食，造成发育所需的营养不足，缺铁、锌等营养素，能量不够，所以消瘦。

● **抵抗力减退**。6个月以后，宝宝从母体带来的免疫力逐渐消失，宝宝的抵抗力变差，容易生病，影响了生长发育和食欲，所以宝宝消瘦。

● **消化能力没适应**。宝宝的消化能力尚未适应辅食，虽然吃得不少，但排出的也多，所以生长减慢，变得消瘦了。

## 抓住时机，让宝宝学会吃东西

为了让宝宝更好地学习咀嚼和吞咽的技巧，父母要注意以下两点。

● **抓住宝宝咀嚼、吞咽的敏感期**。宝宝的咀嚼、吞咽敏感期从4个月左右开始，7~9个月时为最佳时期，超过了这个时期，宝宝学习咀嚼、吞咽的能力就会下降，那时才开始给宝宝喂半流质、泥状或糊状食物，宝宝就会不经过咀嚼而直接将食物咽下去，或含在口中久久不肯咽下。

● **不要因噎废食**。有的妈妈担心宝宝吃辅食时噎住，于是推迟甚至放弃给宝宝喂固体食物。有的妈妈到宝宝两三岁时，仍然将所有的食物都用粉碎机打碎后才喂给宝宝，生怕噎住宝宝。这样做的结果是宝宝不会“吃”，食物稍微粗糙一点就会噎住，甚至把前面吃的东西都吐出来。

▲如果添加辅食以后宝宝还瘦了，妈妈可要仔细找找原因。

## 饮食课堂：学会给宝宝制作营养辅食

### 补锌
# 南瓜粥

**原料：**

南瓜50克，大米50克。

**做法：**

① 将南瓜清洗干净，削皮，切成碎粒。

② 将大米清洗干净，放入小锅中，再加入400毫升的水，中火烧开，转小火继续煮制20分钟。

③ 将切好的南瓜粒放入粥锅中，小火再煮10分钟，煮至南瓜软烂即可。

#### 解答妈妈最关心的问题

【提供给宝宝的营养】南瓜含有丰富的胡萝卜素、锌和糖分，而且较易消化吸收，非常适合刚开始吃辅食的宝宝食用。

【选购安全食材的要点】选购南瓜时应挑选果大型，外表呈淡黄色或橘黄色，扁球形或长圆形，果皮光滑，并具有明显的浅沟或肋的南瓜。

【食材搭配的宜与忌】

宜：南瓜与绿豆同食可补中益气、清热生津、降低血糖，有很好的强身健体作用。

忌：醋与南瓜相克，同食时醋酸会破坏南瓜中营养成分；鲤鱼与南瓜相克，同食可能会中毒；螃蟹与南瓜相克，同食可能会引起中毒。

**温馨提示：**
南瓜的皮含有丰富的胡萝卜素和维生素，所以最好连皮一起食用，如果皮较硬，可以将硬的部分削去再食用。在烹调的时候，南瓜心含有相当于果肉5倍的胡萝卜素，所以尽量要全部加以利用。

## 强壮身体
# 香菇鸡茸蔬菜粥

**原料：**

鸡胸1块，干香菇4朵，胡萝卜1根，芹菜1根，姜1小块，大米50克，少量的盐。

**做法：**

① 将大米洗干净后，用清水浸泡；将鸡胸先切成片，再切成碎末，放入盐腌制。

② 干香菇要提前2小时用温水浸泡，浸泡时，在水中加一点白糖，这个方法可以让香菇的味道更浓。将浸泡好的香菇取出，用清水冲洗干净，挤压出水分后，切成小碎丁。

③ 胡萝卜去掉皮，切成碎末。芹菜去叶，只留梗，也切成碎末。姜去掉皮，切成细丝。

④ 锅中倒入清水，大火煮开后，倒入大米搅拌几下后，改成中小火，煮30分钟。

⑤ 待米开花，粥变得黏稠后，放入鸡肉末、香菇碎、胡萝卜碎、姜丝，搅拌均匀后，改成大火继续煮10分钟，放入芹菜末即可。

### 解答妈妈最关心的问题

【提供给宝宝的营养】香菇含有多种矿物质和维生素，尤其是维生素D，对促进人体新陈代谢，提高机体适应力有很大作用。鸡肉含有维生素C、维生素E等，蛋白质的含量比例较高，而且消化率高，很容易被宝宝吸收利用，有增强体力、强壮身体的作用。

【选购安全食材的要点】选购香菇时，要体圆齐正、菌伞肥厚、盖面平滑、质干不碎。手捏菌柄有坚硬感，放开后菌伞随即膨松如故。色泽黄褐，菌伞下面的褶裥要紧密细白，菌柄要短而粗壮，远闻有香气。

【食材搭配的宜与忌】

宜：香菇宜与木瓜同食，木瓜中含有木瓜蛋白酶和脂肪酶，与香菇同食具有降压减脂的作用；香菇与豆腐同食可健脾养胃，增加食欲；香菇与薏米同食，营养丰富，可化痰理气。

忌：香菇与河蟹同食易引起结石症状。香菇含有维生素D，河蟹也富含维生素D，两者一起食用，会使人体中的维生素D含量过高，造成钙质增加，长期食用易引起结石症状。

**温馨提示：**
泡发的香菇水不要丢掉，因为很多营养物质都溶于水中，可将其倒入锅中一起煮粥。

## 补充蛋白质
# 什锦豆腐糊

**原料:**

嫩豆腐1/6块，胡萝卜1根，鸡蛋1个，肉汤1大匙。

**做法:**

① 将豆腐放入开水中焯一下，去掉水分后切成碎块，放入碗中捣成泥；胡萝卜洗干净，煮熟后捣碎；鸡蛋煮熟，取蛋黄加水调成蛋黄泥。

② 将豆腐泥放入锅内，加肉汤煮至收汤为止。放入调匀的鸡蛋泥和胡萝卜末，小火煮熟即可。

### 解答妈妈最关心的问题

【提供给宝宝的营养】此糊糊营养丰富全面，特别是含有丰富的蛋白质，宝宝食用能获得全面而合理的营养素，有利于宝宝各器官的生长发育。适于8个月以上婴儿及幼儿食用。

【选购安全食材的要点】优质豆腐呈均匀的乳白色或淡黄色，稍有光泽。块形完整，软硬适度，富有一定的弹性，质地细嫩，结构均匀，无杂质，并具有豆腐特有的香味。

【食材搭配的宜与忌】

宜：豆腐宜与鱼同食。二者同食，蛋白质的组成更合理，营养价值更高。

忌：豆腐最好不要和菠菜一起煮。菠菜营养丰富，有“蔬菜之王”之称，但是菠菜里含有很多草酸，每100克菠菜中约含300毫克草酸。豆腐里含有较多的钙质，两者若同时进入人体，可在人体内发生化学变化，生成不溶性的草酸钙，人体内的结石正是草酸钙、碳酸钙等难溶性的钙盐沉积而成的，所以最好不要把菠菜和豆腐一起煮着吃。

**温馨提示:**
因豆腐性寒，脾胃虚寒、经常腹泻的宝宝要忌食。

## 润肠通便
# 香蕉南瓜糊

**原料:**

香蕉1根，南瓜1小块，蛋黄1个，配方奶半小碗。

**做法:**

①南瓜去掉皮、籽，洗干净，切成小块。
②将处理好的南瓜捣成泥，香蕉捣成泥，蛋黄搅碎后放在配方奶中搅匀。
③将香蕉泥、南瓜泥放入蛋奶中，上锅蒸10分钟即可。

### 解答妈妈最关心的问题

【提供给宝宝的营养】香蕉中含有丰富的钾和镁，维生素、糖分、蛋白质、矿物质的含量也很高，南瓜中的甘露醇具有通便功效，所含果胶可减缓糖类的吸收。此品不仅是很好的强身健脑食品，更是便秘宝宝的最佳食物。

【选购安全食材的要点】选购香蕉时，以果指肥大，果皮外缘棱线较不明显，果指尾端圆滑者为佳。香蕉有梅花点食味较佳。选购时留意蕉柄不要泛黑，如出现枯干皱缩现象，很可能已开始腐坏，不可购买。

【食材搭配的宜与忌】

宜：南瓜与绿豆同食可补中益气、清热生津，降低血糖，二者同食有很好的强身健体作用。

忌：醋与南瓜相克，同食时醋酸会破坏南瓜中营养成分；鲤鱼与南瓜相克，同食可能会中毒；螃蟹与南瓜相克，同食可能会引起中毒。

**温馨提示：**
南瓜的皮含有丰富的胡萝卜素和维生素，所以最好连皮一起食用，如果皮较硬，就用刀将硬的部分削去再食用。在烹调的时候，南瓜心含有相当于果肉5倍的胡萝卜素，所以尽量要全部加以利用。

## 强身益智
# 蛋黄菠菜泥

**原料:**

菠菜适量，蛋黄半个。

**做法:**

①菠菜洗干净入沸水锅中焯一下，捞出切末。

②用蛋清分离器把蛋黄隔离出来，将蛋黄放在碗里打散备用。

③锅中加少许水烧开，放入菠菜煮熟煮软，最后加蛋黄边煮边搅拌，煮沸即可。

### 解答妈妈最关心的问题

【提供给宝宝的营养】菠菜是铁质、胡萝卜素、B族维生素、叶酸等的最佳来源，妈妈自然希望宝宝可以经常食用。蛋黄含有丰富的营养，是宝宝大脑发育必不可少的营养食品。但是蛋白却很容易让肠胃没有发育完全的宝宝过敏、不消化，因此最好等宝宝1岁以后再吃全蛋。

【选购安全食材的要点】菠菜宜选择叶子较厚，伸张得很好，且叶面宽，叶柄短的。

【食材搭配的宜与忌】

宜：菠菜宜与蛋黄同食，营养丰富，喂给婴儿既可营养大脑，又可满足婴儿对铁质的需要。

忌：菠菜不宜与黄瓜同食。黄瓜含有维生素C、分解酶，而菠菜含有丰富的维生素C，二者同食会影响宝宝对维生素C的吸收。

**温馨提示:**

菠菜除了含丰富的微量元素外，还含有一种叫草酸的物质，它会和食物中的钙结合形成草酸钙，影响宝宝对食物中钙质的吸收，所以在做菠菜等草酸含量较高的蔬菜前，先将蔬菜焯水，将绝大部分草酸去除，然后再烹饪，就可以放心食用了。

## 排出毒素、强壮身体
# 鸡蓉玉米羹

**原料：**

鸡脯肉、鲜玉米粒各30克，鸡汤100毫升。

**做法：**

① 鸡脯肉和玉米粒洗干净，分别剁成蓉备用。

② 将鸡汤烧开撇去浮油，加入鸡肉蓉和玉米蓉搅拌后煮开，转小火再煮5分钟即可。

**解答妈妈最关心的问题**

【提供给宝宝的营养】玉米中的纤维素含量很高，是大米的10倍，大量的纤维素能刺激胃肠蠕动，缩短了食物残渣在肠内的停留时间，加速排泄并把有害物质带出体外。鸡肉含有维生素C、维生素E等，蛋白质的含量比例较高，而且消化率高，很容易被宝宝吸收利用，有增强体力、强壮身体的作用。

【选购安全食材的要点】购买生玉米时，以外皮鲜绿、果粒饱满的玉米为佳。妈妈可以挑选七八成熟的。太嫩，水分太多；太老，其中的淀粉多而蛋白质少，口味也欠佳。

【食材搭配的宜与忌】

宜：鸡肉和玉米搭配可提高食物的营养价值。鸡肉肉质细嫩，是较好的优质蛋白质食品，玉米中的纤维素含量很高，可以起到互补作用，从而提高食物的营养价值。

忌：鸡肉与菊花相克，同食会中毒。

**温馨提示：**

本品也可用骨头高汤、清水代替鸡汤。宝宝肠胃发育如果够健康，可以适当在他们的饮食中增加一些动物油脂，但是注意不要过于油腻。

## 促进生长发育
# 土豆西蓝花泥

**原料：**

土豆20克，西蓝花10克，宝宝奶酪适量。

**做法：**

① 土豆去掉皮，切成片，入沸水锅中蒸熟、蒸透。西蓝花洗干净，取嫩的骨朵入沸水焯一下，捞出剁碎。

② 将蒸好的土豆碾成泥，与西蓝花、奶酪搅匀即可。

### 解答妈妈最关心的问题

【提供给宝宝的营养】奶酪由牛奶浓缩而成，主要成分为蛋白质，并有丰富的钙、磷、维生素E等；西蓝花能增强机体免疫功能，它的维生素C含量极高，不但有利于人体的生长发育，更重要的是能提高人体免疫功能；土豆具有很高的营养价值，富含淀粉、蛋白质、脂肪、粗纤维等。

【选购安全食材的要点】妈妈给宝宝购买原味的宝宝奶酪即可，同时还要注意看看成分表，确定是否添加了人工色素或防腐剂。选购土豆的时候要挑选表皮颜色均匀、皮薄、有一定的重量、手感较硬的。

【食材搭配的宜与忌】

**宜：**土豆与西蓝花同食，口感好，既可补充宝宝营养，又可让宝宝很快地接受辅食的味道。

**忌：**发芽的土豆勿食。

**温馨提示：**

土豆含有一种叫生物碱的物质，人体摄入大量的生物碱，会引起中毒、恶心、腹泻等反应。这种化合物，通常多集中在土豆皮里，因此食用时一定要去皮，特别是要削净已变绿的皮。此外，发了芽的土豆毒性更大，食用时一定要把芽和芽根挖掉，并放入清水中浸泡，炖煮时宜用大火。

## 促进新陈代谢
# 香菇鸡肉粥

**原料：**

新鲜香菇1朵，鸡胸脯肉50克，大米、麦片适量。

**做法：**

① 将香菇洗干净，切成小粒。

② 鸡肉清洗后切成小粒，与香菇粒一起放入炒锅中用油稍微炒一下。

③ 入锅与大米、麦片(或小米、玉米渣等)一起熬粥，温凉后喂食。

### 解答妈妈最关心的问题

【提供给宝宝的营养】香菇是具有高蛋白、低脂肪、多糖、多种氨基酸和多种维生素的菌类食物，有提高机体免疫力、防癌抗癌的功效。鸡肉为优质蛋白质的来源，还含有多种维生素和微量元素，营养十分丰富。

【选购安全食材的要点】优质鲜香菇的菇形圆整，菌盖下卷，菌肉肥厚。手捏菌柄有坚硬感，菌褶白色整齐，干净干爽。若菌盖表面色深黏滑，菌褶有褐斑，则不宜食用。

【食材搭配的宜与忌】

忌：鸡肉与菊花相克，同食会中毒；香菇与河蟹同食易引起结石症状，香菇含有维生素D，河蟹也富含维生素D，两者一起食用，会使人体中的维生素D含量过高，造成钙质增加，长期食用易引起结石症状。

**温馨提示：**
本品还有促进宝宝钙质吸收的功效。营养学家和医学界证明香菇体内有一种一般蔬菜缺乏的麦留醇，它经太阳紫外线照射后会转化为维生素D，这种物质被人体吸收后，可促进钙的吸收，增强人体抵抗疾病的能力。

## 补充蛋白质
# 豆腐蛋黄泥

**原料:**

蛋黄1个，豆腐适量，鸡汤适量。

**做法:**

①熟鸡蛋剥离蛋清，将蛋黄压碎，过筛。

②将豆腐煮5分钟，也过筛压成泥状。

③将鸡汤调入蛋黄、豆腐中拌匀即可。

### 解答妈妈最关心的问题

【提供给宝宝的营养】豆腐是蛋白质、钙等含量丰富的食品。大家知道，蛋白质是生命的物质基础。蛋黄自身丰富的卵磷脂有提高人体血浆蛋白含量、促进机体新陈代谢、增强免疫的功能。

【选购安全食材的要点】新鲜的鸡蛋蛋壳上附着一层霜状粉末，蛋壳颜色鲜明，气孔明显；陈蛋正好与此相反，并有油腻。也可用手轻摇：无声的是鲜蛋，有水声的是陈蛋。

【食材搭配的宜与忌】

宜：豆腐所含蛋白质缺乏甲硫氨酸和赖氨酸，鱼缺乏苯丙氨酸，豆腐和鱼一起吃，蛋白质的组成更合理，营养价值更高。

忌：豆腐最好不要和菠菜一起煮。菠菜营养丰富，有“蔬菜之王”之称，但是菠菜里含有很多草酸，每100克菠菜中约含300毫克草酸。豆腐里含有较多的钙质，两者若同时进入人体，可在人体内发生化学变化，生成不溶性的草酸钙，人体内的结石正是草酸钙、碳酸钙等难溶性的钙盐沉积而成的，所以最好不要把菠菜和豆腐一起煮着吃。

**温馨提示:**
本品中的蛋黄含有较高的热量，也较为不易消化，所以食用分量一定要适当。

## 健脑益智
# 松仁豆腐

**原料：**

豆腐1块，松仁、盐各少许。

**做法：**

①将豆腐划成片，撒上少许盐上锅蒸熟。

②松仁洗干净用微波炉烤至变黄，用刀拍碎，撒在豆腐上，即可给宝宝喂食。

**解答妈妈最关心的问题**

【提供给宝宝的营养】松仁中含有的钙、磷、铁很丰富，还含有胡萝卜素、维生素$B_1$、维生素$B_2$及烟酸等成分，可起到较好的健脑益智作用。豆腐是蛋白质、钙等含量丰富的食品。

【选购安全食材的要点】优质豆腐呈均匀的乳白色或淡黄色，稍有光泽。块形完整，软硬适度，富有一定的弹性，质地细嫩，结构均匀，无杂质，并具有豆腐特有的香味。

【食材搭配的宜与忌】

宜：豆腐宜与鱼同食。二者同食，蛋白质的组成更合理，营养价值更高。

忌：豆腐不宜与菠菜同食，否则易引起结石。豆腐不宜与竹笋同食，否则不但会破坏二者的营养价值，还易产生结石。豆腐与蜂蜜同食易致腹泻，与茭白同食也易形成结石。

**温馨提示：**

吃豆腐要适量。制作豆腐的大豆含有一种叫皂角苷的物质，它虽然能预防动脉粥样硬化，但也能促进人体内碘的排泄。长期过量食用豆腐很容易引起碘缺乏，导致碘缺乏病。此外，豆腐消化时间长，消化不良的宝宝不宜多食。

## 补充铁质
# 果粒蛋黄羹

**原料：**

鸡蛋1个，应季水果1种。

**做法：**

① 鸡蛋打入碗中，滤出蛋清。

② 取时令水果中的1种，如夏秋季节的樱桃、草莓、橙子、香蕉等，切成小粒，加入蛋黄中，放少许凉开水打匀。

③ 上锅蒸熟后按量喂食；也可先将蛋黄蒸成蛋羹，起锅后再将水果丁摆放在熟蛋羹上。

### 解答妈妈最关心的问题

**【提供给宝宝的营养】**蛋黄中的铁含量高，能及时补充宝宝逐渐缺失的铁。

**【选购安全食材的要点】**选购水果的时候要选择时令的、新鲜的水果。

**【食材搭配的宜与忌】**

**宜：**蛋黄羹营养丰富，喂给婴儿既可营养大脑，又可满足婴儿对铁质的需要。适宜4个月以上的婴儿食用。

**忌：**最好不要给婴幼儿喂食桃子，因为桃子中含有大量的大分子物质，婴幼儿肠胃透析能力差，无法消化这些物质，很容易造成过敏反应。

**温馨提示：**

蛋黄含有丰富的营养，是宝宝大脑发育必不可少的营养食品。但是蛋白却很容易让肠胃没有发育完全的宝宝过敏、不消化，因此最好等宝宝1岁以后再吃全蛋。

## 补充维生素
# 蔬菜米糊

**原料：**

胡萝卜20克，小白菜、小油菜各10克，婴儿米粉1小碗。

**做法：**

① 将小白菜和小油菜择洗干净，胡萝卜洗干净，用打碎机分别打成碎末。

② 将小白菜末、小油菜末、胡萝卜末一起放入沸水中，焯3分钟熄火。

③ 将焯好的小白菜末、小油菜末、胡萝卜末捞出，滤去水分，放入研磨碗中，磨成泥，再加入婴儿米粉，搅拌均匀即可。

## 解答妈妈最关心的问题

【提供给宝宝的营养】这款蔬菜米糊中，含有蛋白质、碳水化合物以及维生素C等多种营养素，有利于宝宝的生长发育。

【选购安全食材的要点】在选购小白菜时要尽量选择新鲜的。新鲜的小白菜呈绿色，鲜艳而有光泽，无黄叶、无腐烂、无虫蛀现象。购买小油菜时要挑选新鲜、油亮、无虫、无黄叶的嫩油菜，用两指轻轻一掐即断者为佳。

【食材搭配的宜与忌】

**宜：**小白菜与猪肉同食可促进宝宝健康成长。

**忌：**油菜与山药同食会影响营养素的吸收；油菜与南瓜同食会降低油菜的营养价值。

**温馨提示：**
小白菜因质地娇嫩，容易腐烂变质，一般是随买随吃。如保存在冰箱内，至多能保鲜1-2天。

## 润肠排毒
# 奶香玉米糊

**原料:**

玉米粒80克，牛奶100毫升。

**做法:**

① 将玉米粒放入沸水锅中焯水后捞出，取一部分放入搅拌机中搅成泥状，另一部分待用。
② 将玉米泥和牛奶一起搅拌，混合均匀。
③ 搅拌后的液体倒入锅中，边煮边搅匀，煮开后盛入碗中，放入玉米粒即可。

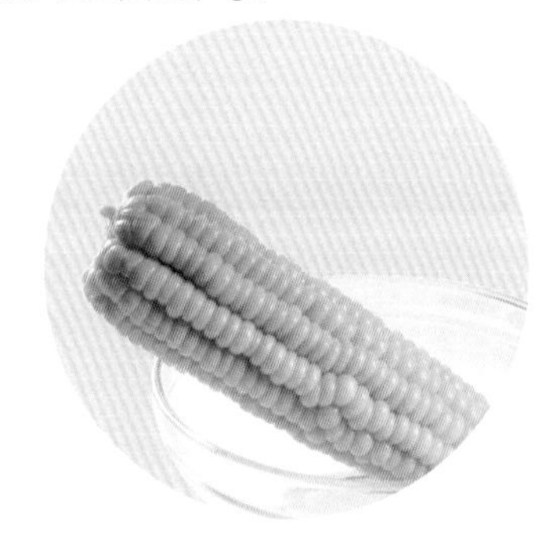

### 解答妈妈最关心的问题

【提供给宝宝的营养】玉米中的纤维素含量很高，是大米的10倍，大量的纤维素能刺激胃肠蠕动，缩短了食物残渣在肠内的停留时间，加速排泄并把有害物质带出体外。牛奶中含有丰富的钙、维生素D等，包括人体生长发育所需的全部氨基酸，消化率可高达98%，是其他食物无法比拟的。

【选购安全食材的要点】购买生玉米时，挑选外皮鲜绿，果粒饱满的玉米为佳。妈妈可以挑选七八成熟的。太嫩的玉米水分太多；太老的淀粉多而蛋白质少，口味也欠佳。

【食材搭配的宜与忌】

宜：玉米富含磷、钾、镁等多种矿物质，牛奶中的钙又最容易被人体吸收，二者搭配能提供给宝宝丰富的矿物质。

忌：玉米受潮霉坏会产生黄曲霉素，忌食用。

**温馨提示:**
牛奶可加热，但不可煮沸，煮沸后牛奶中的蛋白质、维生素都会受到破坏，使营养价值降低。

## 清热去湿
# 红豆汤

**原料：**

红豆75克，纯净水400毫升。

**做法：**

①将红豆用清水加盖泡4个小时后沥干。

②将红豆放入400毫升水中，用大火煮开后，转小火再炖煮40分钟即可。

### 解答妈妈最关心的问题

【提供给宝宝的营养】红豆味甘酸性微寒，有补脾利水、解毒消痈、清热祛湿的作用。此汤有消暑清热、利尿健胃、补肝益肾等功效。

【选购安全食材的要点】选购红豆时以豆粒完整、颜色深红、大小均匀、紧实薄皮的为佳品；其颜色越深，表示铁质含量越高。

【食材搭配的宜与忌】

宜：红豆宜与其他谷类混合食用。

忌：红豆忌与羊肉同食，易引起中毒。

**温馨提示：**
红豆是富含叶酸的食物，产妇、乳母多吃红豆有催乳的功效，所以新妈妈也可以多吃一些。

## 提高记忆力
# 玉米汁

**原料：**

玉米1个。

**做法：**

①将玉米煮熟，把玉米粒掰到器皿里。

②用1：1的比例，将玉米粒和温开水放到榨汁机里榨汁即可。

### 解答妈妈最关心的问题

**【提供给宝宝的营养】**玉米汁富含宝宝必需的而自身又不易合成的30余种营养物质，如铁、钙、硒、锌、钾、镁、锰、磷、谷胱甘肽、葡萄糖、氨基酸等。其主要特点是：不需胃酸分解，可直接被肠道吸收，更能满足人体营养平衡的需要。上述多种营养物质的组合使本品具有提高大脑细胞活力、提高记忆力、促进生长发育等作用。

**【选购安全食材的要点】**购买生玉米时，挑选外皮鲜绿，果粒饱满的玉米为佳。妈妈可以挑选七八成熟的。太嫩，水分太多；太老，其中的淀粉多而蛋白质少，口味也欠佳。

**【食材搭配的宜与忌】**

**宜：**玉米富含蛋白质，与富含维生素C的草莓同食，可防黑斑与雀斑。玉米与洋葱同食，可降脂、降压、抗衰老。

**忌：**玉米受潮霉坏会产生黄曲霉素，忌食用。

**温馨提示：**

吃玉米时，要把玉米的胚尖全部吃掉，因为营养都集中在这里。

补充维C

# 黄瓜汁

**原料：**

黄瓜1个。

**做法：**

①将新鲜黄瓜洗净，切成小段。

②放入榨汁机中，加入适量温开水，一起打匀，滤出黄瓜汁即可。

## 解答妈妈最关心的问题

【提供给宝宝的营养】黄瓜汁性凉，适合夏季饮用，并且对宝宝湿疹的症状有一定缓解作用。黄瓜的维生素C含量比西瓜高5倍，并含有大量胶质。

**温馨提示：**
黄瓜尾部含有较多的苦味素，对于消化道炎症具有独特的功效，并可刺激消化液的分泌，产生大量消化酶，可以使宝宝胃口大开。苦味素不仅健胃，增加肠胃动力，帮助消化，有清肝利胆和安神的功能。

增强免疫力

# 青菜汁

**原料：**

青菜适量。

**做法：**

①将青菜叶洗净后切碎，约一碗，加入沸水中煮1~2分钟。

②将锅离火，用汤匙挤压菜叶，使菜汁流入水中，倒出上部清液即为菜汁。

## 解答妈妈最关心的问题

【提供给宝宝的营养】青菜为含维生素和矿物质较为丰富的蔬菜之一，富含满足人体所需的维生素、胡萝卜素、钙、铁等营养成分，有助于增强机体免疫能力、强身健体。

**温馨提示：**
青菜性偏寒，凡脾胃虚寒、大便溏泄的宝宝不宜多食。

## 强健脾胃
# 红薯大米粥

**原料:**

大米粥20克，红薯10克。

**做法:**

① 红薯洗干净去皮，切成薄片，入沸水锅中蒸至熟软，用勺子压成薯泥。

② 将大米粥用小火煮沸，加入薯泥拌匀即可。

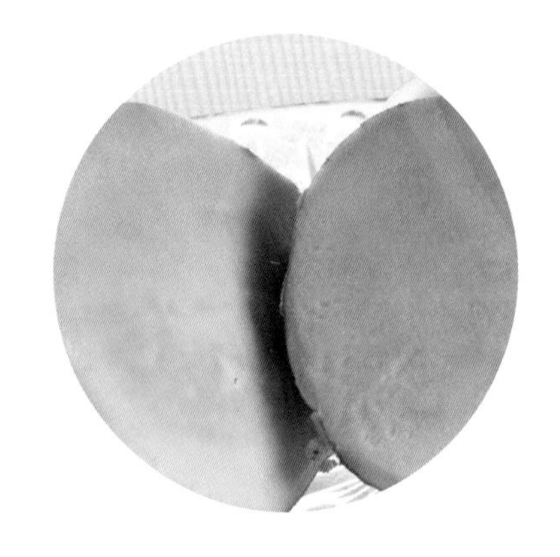

### 解答妈妈最关心的问题

【提供给宝宝的营养】红薯富含蛋白质、糖、纤维素和多种维生素，可以增强宝宝的免疫力。

【选购安全食材的要点】选购红薯时，首先应挑选纺锤形者，其次要看表面是否光滑，也可以用鼻子闻一闻是否有霉味。发霉的红薯含酮毒素，不可给宝宝食用。

【食材搭配的宜与忌】

**宜:** 红薯缺少蛋白质和脂质，因此要搭配蔬菜、水果及蛋白质食物一起吃，才不会营养失衡。

**忌:** 红薯和柿子不宜在短时间内同时食用，在食量多的情况下，应该至少相隔5个小时以上。

**温馨提示:**
红薯最好在午餐这个黄金时段喂给宝宝吃。这是因为宝宝吃完午餐后，红薯所含的钙质需要在人体内经过4-5小时才能被吸收，而下午的日光照射正好可以促进钙的吸收。这样，在午餐时吃红薯，钙质可以在晚餐前全部被吸收，不会影响晚餐时其他食物中钙的吸收。

## 健脾益胃
# 蛋黄南瓜小米糊

**原料:**

熟蛋黄1/2个、南瓜20克、小米粥30克。

**做法:**

① 南瓜去皮切片蒸软，用勺子碾成南瓜泥备用。

② 在蒸南瓜的同时，熬好小米粥(注意要稀一些)，将熟蛋黄碾碎放入小米粥搅拌均匀。

③ 将南瓜泥放入小米粥中拌匀，开锅后即可。

### 解答妈妈最关心的问题

【提供给宝宝的营养】南瓜中含有丰富的锌，锌参与人体内核酸、蛋白质的合成，是肾上腺皮质激素的固有成分，为人体生长发育所需的重要物质。小米粒小，色淡黄或深黄，质地较硬，制成品有甜香味。小米熬粥营养丰富，有“代参汤”之美称。可以帮助宝宝增强体力。

【选购安全食材的要点】新鲜的南瓜外皮很硬，用指甲掐不会留下痕迹，色泽金黄、微微泛红，切面紧致、有光泽、有特殊的清香。

【食材搭配的宜与忌】

宜：南瓜与绿豆同食可补中益气、清热生津、降低血糖，二者同食有很好的强身健体作用。小米宜与桑葚同食，可以保护心血管健康。

忌：南瓜中含维生素C分解酶，若与山药同食，维生素C会被破坏。南瓜忌与虾同食，否则会引起痢疾。

**温馨提示:**
南瓜的皮含有丰富的胡萝卜素和维生素，所以最好连皮一起食用，如果皮较硬，可以将硬的部分削去再食用。在烹调的时候，南瓜心含有相当于果肉5倍的胡萝卜素，所以尽量要全部加以利用。

## 润肠通便
# 苹果红薯米糊

**原料:**

苹果20克，红薯20克，米粉30克。

**做法:**

① 红薯去皮、苹果去皮去核切碎，放入沸水中煮软，用研磨器碾成泥。

② 果泥、薯泥中拌入米粉，加温水调匀即可。

### 解答妈妈最关心的问题

**【提供给宝宝的营养】**苹果中的粗纤维可使宝宝大便松软，排泄便利。同时，有机酸可刺激肠壁，增加蠕动，起到通便的效果。搭配红薯米粉，功效更会加倍，很适合肠胃不佳的宝宝食用。

**【选购安全食材的要点】**新鲜的红薯外表干净、光滑、坚硬，如果表皮有伤，发芽，表面凹凸不平，表示已经不新鲜，不要购买。

**【食材搭配的宜与忌】**

**宜:** 红薯可和米面搭配着吃，并搭配菜汤，这样可避免腹胀。

**忌:** 不要食用带有黑斑和发芽的红薯，以免中毒。

**温馨提示:**
红薯买回来后最好放些日子再吃，这样会比较甜。

## 补肾填精
# 红枣枸杞米糊

**原料：**

大米120克，红枣15克，枸杞5克。

**做法：**

① 大米加清水浸泡2小时；红枣洗净去核；枸杞洗净用温水泡发。

② 将泡好的大米沥去水分放入食品料理机中，再加入去核红枣、泡发的枸杞、清水打成糊状。

③ 将打好的混合米糊放入汤锅中煮开即可。

### 解答妈妈最关心的问题

【提供给宝宝的营养】红枣中富含铁和钙，对于正需要补钙的宝宝是佳品，枣还可以抗过敏、宁心安神、益智健脑、增强食欲；枸杞有滋补肝肾、益精明目、养血和增强宝宝免疫力的功效。

【选购安全食材的要点】挑枣时，不要一味注重枣的大小，而要看整个枣的饱满度，好枣皮色紫红且皮薄，颗粒大而均匀、果形短壮圆整，皱纹少、痕迹浅。可以将红枣掰开看看里头的枣肉，劣质或软化的红枣，掰开后坏掉的部分枣肉是褐色的，而优质的红枣，掰开来枣核小，整个枣肉颜色均匀，质地厚实，有弹性且饱满。

【食材搭配的宜与忌】

宜：红枣可以和牛奶搭配做成粥，牛奶红枣粥含有丰富的蛋白质、脂肪、碳水化合物和钙、磷、铁、锌及多种维生素，能给宝宝补血、开胃、健脾。

忌：红枣与海蟹同食，易得疟疾。

**温馨提示：**

7~9个月的宝宝的视力正在成长，慢慢地看得见东西，分得清颜色，枸杞在这时是很有效用的。

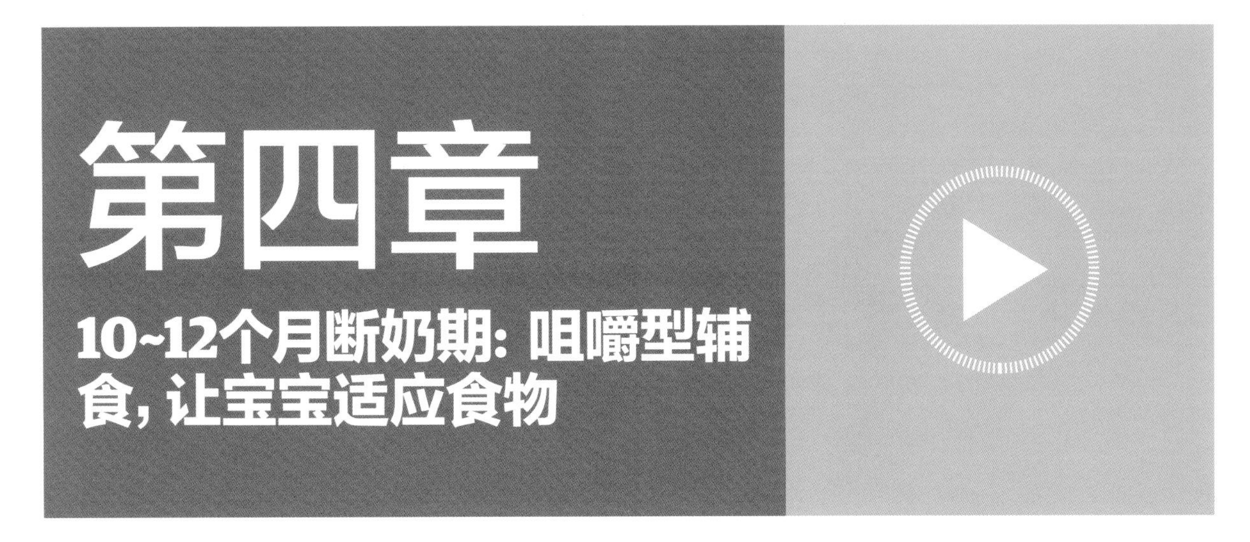


这时候的我已经长出了6颗牙牙了，上边4颗切齿，下边2颗切齿，
能够用牙床咀嚼较硬的食物了，而且我的饭量也在明显增大，
妈妈可以不用像前几个月那样多次地喂我了，
只要定时定量地将我喂饱就好。
这个时候的我生长发育是很快的，
妈妈一定要及时为我补充足够的碳水化合物、蛋白质和脂肪。
当然，妈妈给我的食物一定要多样化，以确保营养的均衡，
同时也能预防便秘或者消化不良哦。
拉不出便便我可是会大哭的，那实在太难受了。
若是我还不会用牙床咀嚼食物，
妈妈可要创造条件让我充分练习咀嚼哦！

◀ 这个阶段妈妈需要锻炼宝宝的咀嚼能力。

# 10~12个月：营养全面，锻炼宝宝咀嚼能力

若妈妈对宝宝的辅食喂养是良性进行的，那么，这个时期的宝宝应该出牙4~6颗了，开始用牙床来压碎食物。除了早晚喝奶之外，宝宝的进餐时间和次数基本和成人相同了，只要在三餐间加点小点心即可。这个时期，妈妈烹饪的辅食，除了要营养丰富，还要能锻炼宝宝的咀嚼能力。

## 10~12个月丰富营养，慎食海鲜

10~12个月的宝宝每日约需能量419千焦(100千卡)/千克体重、蛋白质2~4克/千克体重、脂肪4克/千克体重(占总能量比的35%~40%)、碳水化合物12克/千克体重(人工喂养儿略高)，每日应该摄入钙400毫克、磷300毫克、钾700毫克、钠500毫克、镁70毫克、铁10毫克、碘50微克、锌8.0毫克、硒20微克、维生素A400微克、维生素D10微克、维生素$B_1$0.3毫克、维生素$B_2$0.5毫克、维生素$B_6$0.3毫克、维生素$B_{12}$0.5微克、维生素C50毫克。这个时期的宝宝营养需求增大，同时，自身的肠胃功能也增强了，可以吃的食物范围也更广（见表4-1）。对过敏体质的宝宝而言，海鲜类的食物要谨慎添加，甲壳类食物(如虾仁、螃蟹等)建议1岁以后再吃。

**表4-1　10~12个月宝宝的食物选择表**

| 食物类别 | 可以食用的食物 | 注意事项 |
|---|---|---|
| 谷类 | 红豆及大部分谷类都可以食用 | 如果没有过敏症状，可以食用糙米 |
| 蔬菜 | 大部分的蔬菜 | 可以食用少量的青菜、韭菜等 |
| 水果 | 葡萄（只能饮汁）、香瓜、李子、杏 | 如果没有过敏症状，可以食用橘子、橙子 |
| 肉类 | 牛肉、鸡肉 | |
| 鲜鱼 | 大马哈鱼等红肉鲜鱼 | 如果没有过敏症状，可以食用虾、蟹肉、蚌肉 |
| 鸡蛋 | 鸡蛋黄 | 蛋白不可以食用 |
| 豆类 | 包括黑豆、黄豆的大部分豆类 | |
| 牛奶 | 婴儿用奶酪、纯酸奶 | |
| 海藻类 | 海带、海苔 | 除去咸味之后烹调 |
| 坚果类、油脂类 | 少量的松子、香油、橄榄油 | 不可食用豆油之类的食用油 |

## 10~12个月宝宝添加辅食的注意事项

父母需要注意的是，不要认为宝宝又长了一个月，饭量就应该明显地增加了，这时父母总是认为宝宝吃得少，使劲喂宝宝。总是嫌宝宝吃得少，是父母的通病。要学会科学喂养婴儿，不要填鸭式喂养。

● **定点定量。**一日饮食安排向三顿辅食餐、一次点心和两顿奶转变，逐渐增加辅食的量，为断奶做准备，但每日饮奶量应不少于600毫升。

● **适当增加食物的硬度。**可以适当增加食物的硬度，让宝宝学习咀嚼以利于语言的发育和吞咽功能、搅拌功能的完善，增强舌头的灵活性。给宝宝的辅食，可以从稠粥转为软饭，从烂面条转为馄饨、包子、饺子、馒头片，从肉粒、菜粒转为碎菜、碎肉、小块儿水果等。

● **不要过度注意宝宝进食的量。**婴儿时期辅助食物的添加，实际上是帮助宝宝从乳类喂养到成人饮食的过渡，所以每个阶段的辅食添加也不同。在10~12个月期间，宝宝的辅食添加质地以细碎状为主，饮食数量也会有所增加。虽然由于这个时期宝宝乳类饮食相对减少，因此很多家长都希望宝宝多吃点，但其实只要宝宝的营养摄入正常，大可不必如此。

● **还是要单独给宝宝做饭。**虽然宝宝已经可以和大人一起吃三餐饭了，但宝宝的磨牙还没长出，不能吃大人吃的那种硬度的食物，水果类食物可以稍硬一些，但肉类、菜类、主食类还是应该软一些；同时大人的食物对宝宝来说太咸，因此还是要单独给宝宝做饭，而且要注意食物种类的搭配，以保证营养均衡。

▶ 这个阶段可适当给宝宝添加固体食物。

● **让宝宝坐着吃饭。**10~12个月的宝宝活动能力增强，可自由活动的范围增加，有些宝宝不喜欢一直坐着不动，包括喂食物的时候也是如此。若出现这样的情况，在喂食物前最好先把能够吸引宝宝的玩具等东西收好。当宝宝吃饭时出现扔汤匙的情况，家长要表示出“不喜欢宝宝这样做”。如果宝宝仍重复扔就不要再给宝宝喂食物了，最好收拾起饭桌，千万不要到处追着给宝宝喂食物。从现在起家长就要培养宝宝良好的饮食习惯。

● **尊重宝宝的个性。**家庭与家庭间存在着差异，家庭成员间也存在着个人差异，即使是同卵双胞胎，也存在着显著的个体差异。婴儿之间有共性，也有自己的个性，共性和个性是相互交叉的。父母要认识到婴儿间存在着差异性，不能要求自己宝宝的个性和其他宝宝的个性相一致，这是父母建立正确育儿观念重要的思想基础。随着月龄的增加，宝宝个性化越来越强了，开始表现出不同的好恶倾向。这个阶段婴儿辅食喂养问题，最突出的是饮食个性化的种种表现：有的宝宝能吃一儿童碗的饭，有的能吃半儿童碗，有的就只吃几小勺，更少的吃1~2勺；有的宝宝比较爱吃青菜，有的宝宝就是不爱吃青菜，喂小片菜叶，也要用舌头抵出来，如果把菜放到粥、面条、肉馅或丸子里，恐怕连粥、面、饺子、丸子也不吃了；有的婴儿很爱吃肉。这些现象都是婴儿的正常表现，父母要尊重宝宝的这些个性，千万不要强迫宝宝进食他不喜欢吃的食物，以免引起宝宝的反感而拒食。

● **让宝宝学习自己使用餐具。**此时宝宝已有自己进食的基本能力，可以让宝宝使用婴儿餐具，学着自己吃饭。

◀ 父母应尊重宝宝的个性。

▲ 在喂宝宝吃饭时，妈妈应避免让宝宝边吃边玩。

▲ 妈妈可以将勺子递给宝宝，让他自己动手。

## 辅食喂养知识问答

10~12个月时，大多数宝宝开始断奶或者进入断奶期，辅食也开始替代奶类成为宝宝的主食。不过，此时的宝宝，活动能力大大增强，个性和喜好也基本形成，在喂养过程中，问题层出不穷。下面我们就来对这个阶段宝宝在进食过程中可能出现的问题进行一番剖析吧。

### 让宝宝愉快进餐

10~12个月的宝宝，已经能灵活运用自己的双手来抓握东西了，父母可以抓住时机，训练宝宝自己进餐。

#### 1. 让宝宝集中注意力吃饭

最初给宝宝喂辅食时，应该选择在他精神状态和情绪都较好时进行。大人与宝宝面对面坐好，面带微笑地与宝宝进行语言、动作和眼神的交流。注意不要用电视、玩具、故事书等吸引宝宝的注意力，不能边玩边吃，更不能追着喂饭，要帮助宝宝养成专心进食的好习惯。

#### 2. 让宝宝自己动手

开始给小宝宝喂辅食时，可以专门准备一把小勺，既能玩又能练习抓握，7~8个月大的宝宝就可以自己抓握食物吃了。到宝宝10个月大时，应该鼓励宝宝自己用勺进食，尽管这时宝宝可能会把餐桌周围搞得一团糟，爸爸妈妈也不要因为担心收拾起来麻烦，就剥夺宝宝这个学习的过程哦！要让宝宝体会到专心吃饭是一项新奇、有趣、愉悦的活动。现在，就一起来看看让宝宝动手吃饭的有趣过程吧。

刚开始吃饭时，宝宝会感到肚子饿，妈妈可以用勺子给宝宝喂食。

喂了一会儿，当宝宝不饿的时候，妈妈就将勺子交给宝宝，让宝宝自己吃。

▲ 开始时，妈妈先用勺子喂宝宝，
之后可以尝试将勺子交给宝宝。

▲ 宝宝喜欢用于抓饭，妈妈可不要阻止哦。

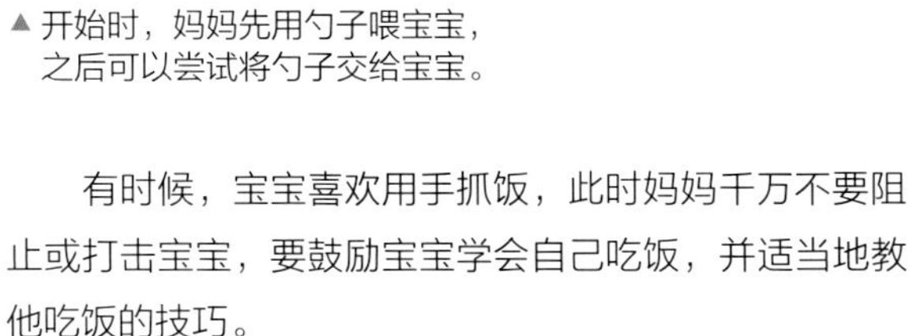

有时候，宝宝喜欢用手抓饭，此时妈妈千万不要阻止或打击宝宝，要鼓励宝宝学会自己吃饭，并适当地教他吃饭的技巧。

**3. 让宝宝体会“吃”的过程**

妈妈可以给宝宝做一些方便用手拿着吃的食物，或者把蔬菜切成条便于宝宝抓取，这样宝宝才能够感受到自己吃饭的乐趣。蔬菜可选择土豆、豆角、胡萝卜、红薯等，还可以选择一些水果如香蕉、西瓜、梨、苹果，主食可以选烤面包。

宝宝有时并不一定是想要自己吃饭，他的注意力往往集中在“自己吃”这个过程。爸爸妈妈如果只是为了对宝宝自己吃饭的技巧进行训练，可以先将宝宝喂饱，然后让宝宝自己随意去学习和尝试使用餐具进食的乐趣。宝宝在自己动手吃饭的过程中，慢慢就会学到吃饭的技巧，而且也使宝宝手部精细动作得到更进一步的锻

▲ 妈妈可以将蔬菜切成条状给宝宝吃，
这样，宝宝便会感到十分有趣啦。

炼。爸爸妈妈在对宝宝进行训练的同时，要注意教会宝宝用拇指和食指去拿东西。

宝宝自己吃饭的时候，爸爸妈妈一定要给予表扬和鼓励，不管宝宝吃成了什么样子。宝宝如果总是把饭吃得满地都是，妈妈可以在宝宝的座椅下铺几张废报纸，等宝宝吃完饭后，收拾一下报纸就可以了。

## 让宝宝对食物不再“抗拒”

这个阶段的宝宝吃饭时常常会将饭菜含在嘴里长时间不下咽，或者不愿吃饭只想喝配方奶或吃米糊，宝宝的这种饮食习惯真是让爸爸妈妈伤透了脑筋。这主要是由于喂养或断奶方法不当，咀嚼、吞咽行为不够成熟所致。要应付这种情况，父母要慢慢改变喂养方式，循序渐进地训练宝宝的咀嚼和吞咽能力。

### 1. 训练用勺进食，促进食物性质转换

用勺进食流质食物（如奶、果汁、白开水等）是向固体食物过渡的一种重要进食方式。宝宝4-6个月龄即可开始用勺进食，最初是用上唇吃净勺中食物，7-9个月龄时可用上下唇共同活动进食，到本阶段的时候一般可以闭唇进食。从勺中摄食能力的发育，可促进宝宝食物性质的转换。

### 2. 早些用杯饮水（奶），有利于口腔运动协调

妈妈可用杯子给宝宝饮水（奶）。开始时宝宝的动作类似吮吸，有时舌向外伸或咬住杯口，或水（奶）从嘴边流出。如果训练开始得比较早，宝宝用杯饮水的动作会较快协调好，并有利于宝宝独立能力的发展和心理的成熟。

▲ 用勺子喂食宝宝可以增强宝宝的摄食能力。

▲ 妈妈给宝宝买了一个杯子，宝宝拿到杯子后，好奇地看了起来。

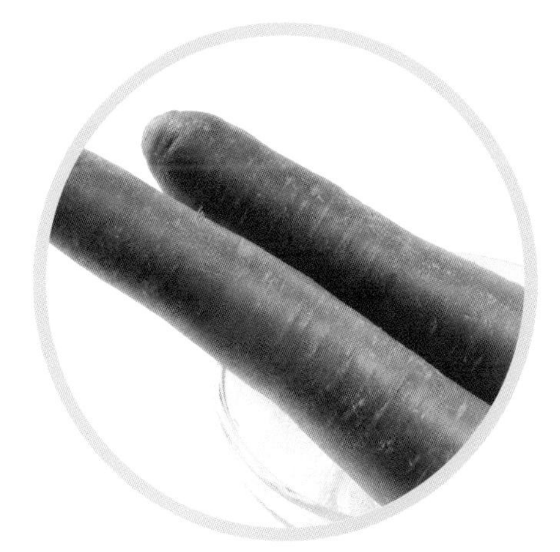

▲春季宝宝生长发育最快，消化吸收功能增强，进食量增加，新鲜蔬菜是为宝宝补充维生素的首选。

**3. 适时添加固体食物**

宝宝6个月左右，无论有无乳牙，就应开始喂给柔软易消化的固体食物，如面包、煮烂的嫩菜心、鸡蛋黄等。只要有上下咬的动作，就表示宝宝咀嚼食物的能力已初步具备。如此慢慢训练，4~6个月是训练宝宝咀嚼吞咽的最佳时期或称敏感期，7~9个月时咀嚼动作即有节奏而协调。到10个月大时这种能力就趋向成熟了，断奶后的摄食行为就比较正常。固体食物的咀嚼、吞咽需口唇、舌头、颌骨、牙齿、软腭的协调动作。口唇张开，食物进口，到牙齿咬磨食物而进行咀嚼，舌头先形成筒状、抬高、蠕动和唾液混合形成食物团块，当团块达到咽后壁时就产生吞咽反射，食物团块被下咽进入食道再推送到胃中。

**4. 循序转换食物**

随年龄增长循序转换食物性质和进食方式。4~6个月的宝宝以奶、水、果汁等流质饮食为主，加少量精制半流质、米糊、蛋黄泥等，开始用勺让其被动进食；7~9个月的宝宝应喂食流质加半流质及少量固体食物，用勺子喂或让其用杯子喝，使之对食物进行咀嚼；10~12个月的宝宝应给予切碎状固体食物，让其运动上唇进食，用舌头将食物送至牙磨床咀嚼吞咽。根据不同月龄逐步变更转换食物性质，促进婴幼儿咀嚼、吞咽能力的协调发展，逐步形成自我进食等独立能力的发育，就可以解决宝宝含着食物不吞咽的问题了。

## 春季辅食：提高宝宝的抗病能力

春天宝宝生长发育最快，消化吸收功能增强，进食量增加。但这个季节气温变化较大，宝宝容易患病。因此，合理的饮食对于增强宝宝的抵抗力十分重要。

● **加倍重视含钙饮食**。此阶段宝宝的生长发育速度加快，导致宝宝需要的钙也在增加，所以妈妈应注意给

▲ 夏天的时候，妈妈可以让宝宝喝点儿绿豆汤。

▲ 南瓜可以增强宝宝肌体免疫力，改善秋燥症状。

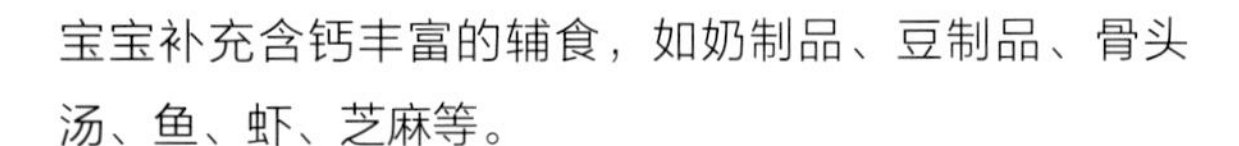

宝宝补充含钙丰富的辅食，如奶制品、豆制品、骨头汤、鱼、虾、芝麻等。

● **着重补充维生素**。春季阳气上升，宝宝很容易上火，出现皮肤干燥、齿龈出血、口角炎等不适症状，因此需要及时给宝宝补充维生素。新鲜蔬菜是为宝宝补充维生素的首选，如芹菜、菠菜、西红柿、小白菜、胡萝卜、白萝卜、西蓝花等。

### 夏季辅食：补水消暑是关键

宝宝的身体70%~80%由水分构成，按体重计算，需水量是成年人的3倍左右，所以在夏季一定要供给宝宝足够多的含水分食品。

夏季宝宝流出的汗水里面不仅有水分，还有很多的矿物质，所以除了要补充宝宝出汗时损失的水分外，还要补充各种矿物质，尤其是钠和钾。钾和宝宝的抗高温能力有关，体内缺钾时，宝宝很容易发生中暑现象。

● **多吃水果**。各种新鲜时令水果都含有丰富的矿物质，具有较好的解暑作用。应鼓励宝宝吃水果，妈妈还可以制作新鲜的果汁或者果泥，帮助宝宝吃到更多的水果。

● **多喝粥汤**。营养丰富的粥汤是宝宝很好的解暑饮料，其中尤以豆汤、豆粥对补充矿物质最有帮助。豆类含有夏天所需要的各种养分，特别是豆皮部分，富含解暑物质和抗氧化成分，对宝宝很有帮助。夏天，扁豆汤、红豆汤、豌豆汤都是非常不错的选择。

● **少吃冷饮**。冷饮不能降低人的体温，相反，由于血管遇冷收缩，反而降低了身体散热的速度，冷饮中含有大量糖分，因此它们不能解渴，反而可能越喝越渴。建议妈妈们限制宝宝饮用冷饮的数量，每天只喝一点，而且应当在饭后1小时之后饮用。

● **少量多次**。此外，需要注意的是给宝宝供应汤水时，一定要注意少量多次，因为暴饮可能造成突然的大量排汗，还可能导致宝宝食欲减退。

须提醒的是，刚从冰箱中拿出的饮料和水果，一定要在室温下放一会儿才能饮用，避免冷凉作用让胃肠血管收缩，影响消化吸收，甚至引起腹痛腹泻。

## 秋季辅食：滋阴清火是关键

秋天到了，天气越来越干燥，宝宝体内容易产生火气，小便少，神经系统也容易紊乱，宝宝的情绪也容易跟着变得躁动不安。宝宝在秋天的这种反应，不单单是情绪和心理上的问题，很可能是人体的某些营养物质摄入不平衡引起的。

给宝宝的辅食应该选择清火、湿润的食品，注意补充营养。下面介绍一些适合宝宝的秋季食品。

### 1. 瓜果

**南瓜：**南瓜可以防止宝宝嘴唇干裂、鼻腔流血及皮肤干燥等症状，可以增强机体免疫力，改善秋燥症状。给宝宝吃南瓜要适量，一天的量不宜超过一顿主食，但也不要太少。小点的宝宝，可以做点南瓜糊，把南瓜蒸熟后，依次加入糖、牛奶、鸡蛋，然后煮熟即可。大些的宝宝，可用南瓜拌饭，把南瓜切成碎粒，把米淘后加水在电饭煲内煮，待水沸后，加入南瓜粒、白菜叶等，煮烂后，略加油、盐调味即成，米饭要软烂些。宝宝一岁多以后，还可做南瓜紫米粥。把南瓜切片，把米、大枣洗净，与南瓜片一起放入锅内加水煮，先用猛火煮沸，后改用小火，煮至米烂即可。

**藕：**鲜藕中含有很多容易吸收的碳水化合物、维生素和微量元素等。藕能使宝宝清热生津、润肺止咳，还能补五脏。藕可以生吃，也可以与其他食品搭配着吃。6个月以上的宝宝，可以把藕与蜂蜜蒸在一起给他吃。把藕切成小片，上锅蒸熟后捣成泥，与蜂蜜混匀。12个月以上的宝宝，可以做鲜藕梨汁给他喝。去掉鲜藕和梨不可食的部分，榨成汁，再加点糖即可。

▲秋季，妈妈可让宝宝多吃些绿叶蔬菜，如芹菜、菠菜等。

▲秋季多吃水果能生津止渴，开胃消食。

秋季水果多，水果能生津止渴，开胃消食，秋季给宝宝的水果有:

- 苹果: 可以榨些苹果汁给他喝。
- 梨: 每天1~2个为宜。
- 甘蔗: 每天最好不超过50克。
- 柑橘: 每天吃2~3个即可。
- 柿子: 一次只可吃1~2个。

此外，还有石榴、葡萄、红枣等。

### 2. 干果和绿叶蔬菜

干果和绿叶蔬菜是镁和叶酸的最好来源，缺少镁和叶酸的身体容易出现焦虑情绪。镁是重要的强心物质，可以让心脏在干燥的季节保证足够的动力。叶酸则可以保证血液质量，从而改善神经系统的营养吸收。宝宝可以适量多吃点核桃、瓜子、榛子、菠菜、芹菜、生菜等。

### 3. 豆类和谷类

豆类和谷类富含维生素$B_1$和维生素$B_6$。维生素$B_1$是给人体神经末梢提供营养的重要物质，维生素$B_6$有维持细胞稳定、给各种细胞提供能量的作用。

宝宝秋季可以每周吃3~5次粗粮米饭或者是粥，如大麦、薏米、玉米粒、红豆、黄豆和大米等。另外，糙米饼干、糙米蛋糕、全麦面包等都可以常吃一些。

### 4. 含脂肪酸和色氨酸的食物

脂肪酸和色氨酸不仅能消除秋季烦躁情绪，还可以起到补养大脑神经的作用。为补充这些营养，宝宝可以多吃点海鱼、核桃、牛奶、榛子、杏仁和香蕉等食物。

秋季给宝宝多吃这些食品，对缓解宝宝的干燥和情绪波动有帮助，妈妈可以换着花样用这些食物喂宝宝。

## 冬季辅食: 抗寒保暖，助宝宝过严冬

冬天，宝宝们的耐寒力与身体抵抗能力远不及成人，如果合理安排宝宝冬季饮食，就能够帮助宝宝安然度过寒冷的冬天。

### 1. 补充无机盐

如果体内缺少无机盐就容易产生怕冷的感觉，要帮助宝宝抵御寒冷，建议妈妈冬季多让宝宝摄取含根茎的蔬菜，如胡萝卜、土豆、山药、红薯、藕及大白菜等。这些蔬菜的根茎中所含无机盐较多。

有的妈妈认为冬天让宝宝多吃些高蛋白、高脂肪食物，才能抵御寒冷的天气，这种观念是不对的，不要让宝宝的冬季过得太“油腻”，健康的饮食才是宝宝最想要的。

### 2. 维生素不可或缺

宝宝冬天的户外活动相对较少，接受室外阳光照射

▲ 香蕉、牛奶可以消除秋季烦躁情绪，妈妈可让宝宝多吃此类食物。

时间也短，很容易出现维生素D缺乏。这就需要妈妈定期给宝宝补充维生素D，每周2~3次，每次400单位。

寒冷气候使人体氧化功能加快了，代谢也明显加快，饮食中要注意及时补充维生素。维生素A能增强人体的耐寒力，维生素C可提高人体对寒冷的适应能力，并且对血管具有良好的保护作用。因此，在冬天宝宝要多吃富含维生素的食物。

## 及时纠正宝宝吃饭时的“坏毛病”

宝宝在进食的过程中，会出现一些不良的饮食习惯，父母要及时予以纠正。

● **饭送到嘴边用手挡掉**。当宝宝不高兴、不爱吃或吃饱了时，妈妈把饭送到宝宝跟前，宝宝会抬手打翻小勺，饭撒了。遇到这种情况，妈妈千万不要再把饭送到宝宝跟前，应该马上把饭菜拿走。

● **用手抓碗里的饭菜**。这是很正常的事情，应鼓励宝宝使用饭勺。即使不会使用，也要锻炼。能用手拿着吃的，就让用手拿着吃，不能用手拿着吃的，就让宝宝使用餐具，规矩要从最初立下。

● **挑食**。这是很常见的，什么都吃的宝宝不多，每个宝宝都有饮食种类上的好恶，有的宝宝就是不喜欢吃鸡蛋，有的宝宝就是不喜欢吃蔬菜。这些都需要慢慢养成不偏食的习惯，但也不能强迫宝宝吃不爱吃的东西。妈妈可以多想办法，如宝宝不爱吃鸡蛋，可以把鸡蛋做在蛋糕里，或者把鸡蛋和在饺子馅里等。

● **吐饭**。从来不吐饭的宝宝，突然开始吐饭了，首先要区分是宝宝故意把吃进的饭菜吐出来，还是由于恶心才把吃进的饭菜吐出来的。吐饭和呕吐不是一回事，饭菜到胃里后再吐出来的是呕吐，把嘴里的饭菜吐出来是吐饭。呕吐多是疾病所致，吐饭多是宝宝不想吃了。如果宝宝把刚送进嘴里的饭菜吐出来，就不要再喂了。呕吐要及时看医生。

● **喜欢上大人的餐桌抓饭**。这是很自然的，哪个宝宝都有这样的兴趣，不能为此就拒绝让宝宝上餐桌。只是不要让宝宝把饭菜抓翻，不要烫着宝宝的小手。可以告诉宝宝，给宝宝禁止的信号，如妈妈绷着脸，说不能抓。但不能惩罚宝宝，最常见的是爸爸妈妈打宝宝的手，这是不好的。

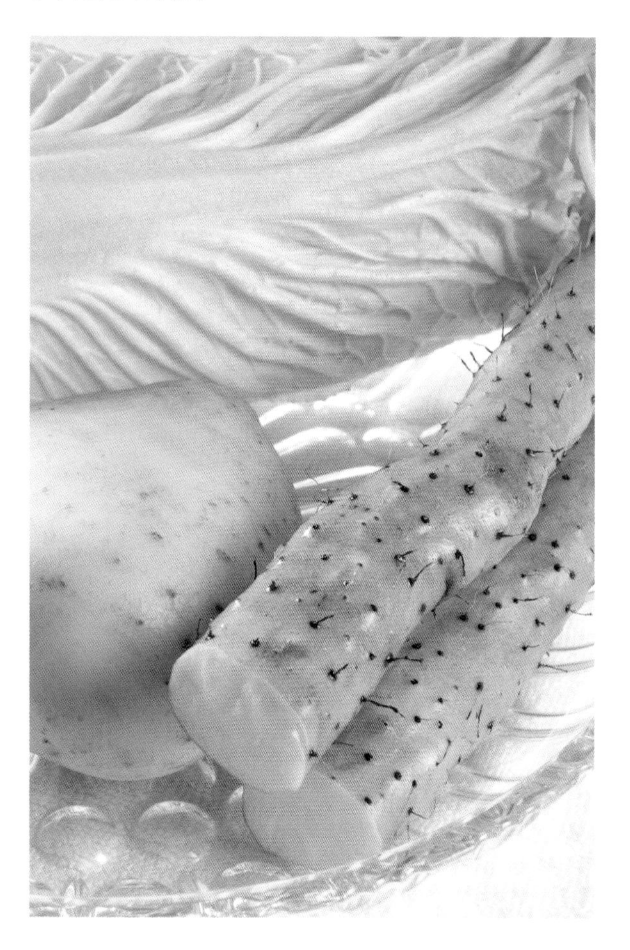

▲ 冬季妈妈可让宝宝多吃土豆、山药、大白菜等食物，能帮助宝宝抵御寒冷。

# 饮食课堂：学会给宝宝制作营养辅食

## 补钙明目
## 胡萝卜丝虾皮汤

**原料：**

胡萝卜1/2根，干虾皮、香菜末少许。

**做法：**

①先将虾皮用温水浸泡20分钟，沥去水分。

②将锅置于火上，炒锅中放少许植物油，煸炒已经处理好的虾皮，至虾皮颜色变黄；

③加入胡萝卜丝翻炒；

④加水150~200毫升，盖上锅盖焖3-5分钟；

⑤不加盐，放少许香菜末起锅。

### 解答妈妈最关心的问题

【提供给宝宝的营养】虾皮中含有丰富的蛋白质和矿物质，尤其是钙的含量极为丰富，有“钙库”之称，是缺钙者补钙的较佳途径。胡萝卜中含丰富的β-胡萝卜素，可促进上皮组织生长，增强视网膜的感光力，是婴儿必不可少的营养素。

【选购安全食材的要点】虾皮个体成片状，弯钩型，甲壳透明，色红白或微黄，肉丰满，体长25~40毫米。辨别其品质的优劣，可以用手紧握一把，松手后虾皮个体立即散开是干燥适度的优质品；松手后不散，且碎末多或发黏的，则为次品或者变质品。

【食材搭配的宜与忌】

**宜：**胡萝卜与猪骨同食，可提高胡萝卜素的吸收率。

**忌：**虾皮与菠菜同食，影响钙的吸收。虾皮中的钙与菠菜中的草酸结合，形成草酸钙，影响宝宝对钙的吸收。虾皮与红枣同食会中毒。

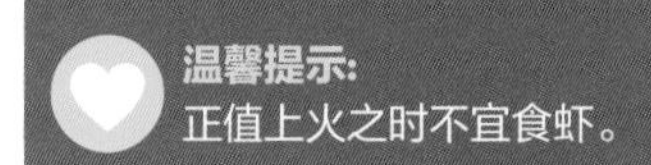

**温馨提示：**
正值上火之时不宜食虾。

## 促进成长
# 肉末软饭

**原料:**

肉末（鸡肉或猪里脊肉）20克，熟米饭1小碗，油菜叶末少量。

**做法:**

① 向炒锅内放入植物油，油热后放入肉末煸炒至熟。

② 加入适量的米饭炒匀，再加入油菜叶末翻炒数分钟，起锅即可给宝宝食用。

### 解答妈妈最关心的问题

**【提供给宝宝的营养】**米饭是宝宝热量的重要来源，米饭中的淀粉最终转化为葡萄糖，为宝宝生长发育和日常运动提供能量；肉末中含有钙、铁、锌；油菜中含有植物粗纤维和维生素C、B族维生素和少量钠离子等营养成分。

**【选购安全食材的要点】**在选购猪里脊肉时，要求其色泽红润，肉质透明，质地紧密，富有弹性，手按后能够很快复原，并有一种特殊的猪肉鲜味。

**【食材搭配的宜与忌】**

**宜:** 大米与栗子同食，有健脾养胃，舒筋壮骨之效；与菠菜同食，有润燥养血之效；与山药同食，可健脾助消化。

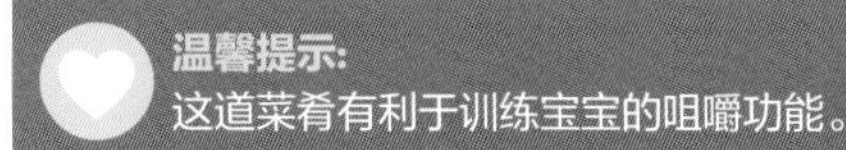

**温馨提示:**
这道菜肴有利于训练宝宝的咀嚼功能。

## 增强免疫力
# 蘑菇炖豆腐

**原料:**

嫩豆腐1块，熟笋片3~4片，鲜蘑菇3朵，大葱、蒜、姜、麻油少许，鸡汤适量。

**做法:**

① 豆腐放入盘中，切成1.5厘米见方的小块，入锅蒸40分钟。

② 鲜蘑菇入沸水锅煮1分钟捞出，用清水漂凉，切成片；笋片切成小块；葱、姜、蒜切成片。

③ 将豆腐、笋片、葱、姜、蒜片，加鸡汤倒入砂锅，中火煮沸后，用小火炖10分钟，放入蘑菇片，稍煮片刻，淋上麻油即成。

### 解答妈妈最关心的问题

【提供给宝宝的营养】蘑菇是营养非常丰富的食材，其所含蛋白质高达30%以上，每100克鲜菇中的维生素C含量高达206.28毫克，而且蘑菇中的胡萝卜素可转化为维生素A，因此蘑菇又有“维生素A宝库”之称。蘑菇的维生素D含量也很丰富，有益于骨骼健康。蘑菇的有效成分可增强T淋巴细胞功能，从而提高宝宝机体抵御各种疾病的免疫功能。豆腐是蛋白质、钙等含量丰富的食品。

【选购安全食材的要点】挑选蘑菇时，菇柄短而肥大、菇伞边缘密合于菇柄、菇体发育良好者最好。由于清洗时水分易由菇柄切口处浸入菇体而影响品质，故最好选择未经清洗的。

【食材搭配的宜与忌】

**宜:** 蘑菇与豆腐同食，含有丰富的钙质，是小儿补钙的佳品；既可补充宝宝营养又可以提高宝宝免疫力。

**忌:** 蘑菇性滑，便泄者慎食；禁食有毒野蘑菇。

**温馨提示:**
蘑菇为发物，故对蘑菇过敏的宝宝要忌食。

## 强壮身体
# 炒三丁

**原料：**

鸡胸脯肉50克，茄子1个，豆腐1块，水淀粉、植物油、香菜末适量。

**做法：**

①将鸡肉切丁后用水淀粉抓匀，茄子、豆腐均切丁。

②炒锅内加入植物油，油热后先将鸡肉丁炒熟，然后加入茄子丁、豆腐丁翻炒片刻，加少许水焖透；放入香菜末，起锅即可给宝宝食用。

### 解答妈妈最关心的问题

【提供给宝宝的营养】鸡肉属于高蛋白、低脂肪的食物，易被人体吸收利用；维生素A的含量比牛肉和猪肉高许多。茄子含有蛋白质、脂肪、碳水化合物、维生素以及钙、磷、铁等多种营养成分，可清热解暑，对于容易长痱子、生疮疖的宝宝尤为适宜。豆腐是蛋白质、钙等含量丰富的食品。

【选购安全食材的要点】正常的豆腐有豆香味，质地细腻，呈乳白色或淡黄色。质量差的香气平淡，劣质豆腐有豆腥味。选购茄子时，以果形均匀周正，老嫩适度，无裂口、腐烂、锈皮、斑点、皮薄、籽少、肉厚为佳品。

【食材搭配的宜与忌】

宜：茄子与苦瓜同食可清心明目、解痛利尿。

忌：茄子与螃蟹同食可能引起腹泻。蟹肉性寒，茄子甘寒滑利，这两者的食物药性同属寒性。如果一起吃，肠胃会不舒服，严重的可能导致腹泻。

**温馨提示：**
做茄子时只要不用大火油炸，降低烹调温度，减少吸油量，就可以有效地保持茄子的营养保健价值。

## 健脑益智
# 山药稀粥

**原料：**

面包半片，山药30克，米粥120克。

**做法：**

① 山药切成小细丁后蒸熟。

② 将熟山药丁放入米粥中煮5分钟，最后放入面包搅匀，略煮片刻即可。

### 解答妈妈最关心的问题

【提供给宝宝的营养】山药营养丰富，其中淀粉酶有水解淀粉的作用，直接为大脑提供热能；而胆碱和卵磷脂则有助于提高大脑的记忆力，对促进宝宝的大脑发育十分有益。

【选购安全食材的要点】选购山药时，大小相同的山药，较重的更好。其次看须毛，同一品种的山药，须毛越多的越好。须毛越多的山药口感更好，含糖更多，营养也更好。最后再看横切面，山药的横切面肉质应呈雪白色，这说明是新鲜的。

【食材搭配的宜与忌】

忌：黄瓜、南瓜、胡萝卜、笋瓜中皆含维生素C分解酶，若与山药同食，维生素C则会被分解破坏。

**温馨提示：**

山药切丁后需立即浸泡在盐水中，以防止氧化发黑。新鲜山药切开时会有黏液，极易滑刀伤手，可以先用清水加少许醋清洗，这样可减少黏液。

## 补充维生素
# 三色蔬菜拼盘

**原料：**

西蓝花30克，香菇2朵，南瓜20克，骨头汤少许。

**做法：**

① 西蓝花洗干净择成小朵，入沸水焯一下捞出切碎。南瓜去掉皮，洗干净，切成小丁。香菇洗干净，切小丁。

② 将蔬菜在盘中整理成拼盘，淋上少许骨头汤，入沸水锅蒸30分钟即可。

### 解答妈妈最关心的问题

【提供给宝宝的营养】西蓝花营养丰富，含有蛋白质、脂肪、磷、铁、胡萝卜素、维生素$B_2$和维生素C，且质地细嫩，易消化，对保护血液有益。香菇即能防癌，又能益智安神。南瓜健脾益胃，能促进营养的消化和吸收。

【选购安全食材的要点】挑选西蓝花时，手感越重越好。菜株亮丽，花球紧密结实，花球表面无凹陷，整体有隆起感者为佳；已开黄色花朵，说明不新鲜了，味道也会差很多。

【食材搭配的宜与忌】

宜：西蓝花有抗癌的作用，长期食用可减少乳腺癌、直肠癌及胃癌的发病率。与番茄同食，有预防前列腺癌的作用。

忌：西蓝花不宜与猪肝搭配，否则会降低人体对铜、铁等元素的吸收。

**温馨提示：**

香菇含有高蛋白、人体必需的氨基酸、铁、锌、钙等微量元素和维生素，买回来可以先放在日光下晒一晒，让紫外线把香菇中的麦角固醇转变为更多的维生素D。

## 强健骨骼
# 胡萝卜鱼干粥

**原料:**

胡萝卜30克，银鱼干1大匙，白粥1碗。

**做法:**

① 胡萝卜洗干净，去掉皮，切末。银鱼干泡水洗干净，沥干备用。

② 将胡萝卜、银鱼干分别煮软、捞出、沥干，在锅中倒入白粥，加入银鱼干搅匀，最后加入胡萝卜末煮滚即可。

### 解答妈妈最关心的问题

【提供给宝宝的营养】银鱼干钙、铁的含量非常丰富，对巩固宝宝的骨骼及牙齿健康发育有奇效。搭配胡萝卜熬成的粥，更有保护眼睛、防近视的功效。

【选购安全食材的要点】外表光滑，没有伤痕，颜色呈自然的橘黄色，体型呈圆柱型的胡萝卜品质较佳。

【食材搭配的宜与忌】

宜：菠菜能促进胡萝卜素转化为维生素A，从而防止胆固醇在血管壁上的沉着，保持心脑血管健康。

忌：胡萝卜与白萝卜混炒，会使维生素C损失殆尽。胡萝卜不宜与酒类物质同食，否则会产生对肝脏有害的物质。

**温馨提示:**
银鱼干也可以先剁碎再煮，以方便宝宝吞咽。

## 补充钙质
# 虾仁豆腐泥

**原料：**

鲜基围虾2只，豆腐50克，胡萝卜20克，姜汁、肉汤适量。

**做法：**

①虾洗干净去头、壳和虾线剁成虾泥，加一点姜汁搅匀。胡萝卜去掉皮，切成细末。

②肉汤烧开，放入洗干净的豆腐，边煮边用器具压成豆腐泥。

③豆腐汤煮开后，放入胡萝卜末、虾泥煮熟即可。

### 解答妈妈最关心的问题

【提供给宝宝的营养】豆腐是蛋白质、钙等含量丰富的食品。虾营养丰富，其所含蛋白质是鱼、蛋、奶的几倍到几十倍；还含有丰富的钾、碘、镁、磷等矿物质及维生素A、氨茶碱等成分，且其肉质松软，易消化，非常适合宝宝食用。

【选购安全食材的要点】选购虾仁时必须选用新鲜、无毒、无污染、无腐烂变质、无杂质的虾仁。优质豆腐呈均匀的乳白色或淡黄色，稍有光泽。块形完整，软硬适度，富有一定的弹性，质地细嫩，结构均匀，无杂质，并具有豆腐特有的香味。

【食材搭配的宜与忌】

宜：豆腐宜与虾同食。豆腐和虾都含有丰富的钙质，同食有利于宝宝钙的吸收和利用，能帮助宝宝骨骼、牙齿健康生长。

忌：虾忌与如葡萄、石榴、山楂、柿子等含有鞣酸的水果同食。虾含有比较丰富的蛋白质和钙等营养物质，如果把它们与含有鞣酸的水果同食，不仅会降低蛋白质的营养价值，而且鞣酸和钙离子结合形成不溶性结合物会刺激肠胃，引起人体不适。

**温馨提示：**
部分宝宝对虾过敏，所以第一次吃虾还是要单独地少量给予，然后观察宝宝是否有过敏反应。如果没有，妈妈就可以放心地将鲜虾入馔，给宝宝更多的美味和营养。

## 健脑益智
# 蛋卷蔬菜

**原料:**

胡萝卜、葱头、西红柿适量，鸡蛋1个，软米饭1小碗，盐少许。

**做法:**

① 将胡萝卜、葱头、西红柿分别洗干净，切成丁。

② 将鸡蛋调匀后放入平底锅摊成薄片。

③ 将胡萝卜丁和葱头丁各1/2小匙用油炒软。加入软米饭1小碗和西红柿丁2小匙，加盐少许炒匀。然后将混合后的米饭平摊在蛋皮上，卷成卷儿，切段即可。

### 解答妈妈最关心的问题

【提供给宝宝的营养】本品含有足够的蛋白质和丰富的脂肪、维生素C和胡萝卜素等营养素，具有健脑益智和强健身体的功效。

【选购安全食材的要点】选购西红柿时，一般以果形周正，无裂口、无虫咬，成熟适度，酸甜适口，肉肥厚，心室小者。宜选择成熟适度的西红柿，不仅口味好，而且营养价值高。

【食材搭配的宜与忌】

**宜:** 西红柿宜略微煮一下后食用。西红柿中的番茄红素溶于油脂中更易被人体吸收，因此，生吃时番茄红素摄入量比较少。

**忌:** 西红柿与猪肝或南瓜同食，会破坏维生素C的吸收。另外西红柿性寒，所以脾胃虚寒者也不宜食用。

**温馨提示:**

除西红柿皮的小妙招: 把开水浇在西红柿的头顶上，或者把西红柿放入开水里焯一下，西红柿的皮就会很容易被剥掉了。

## 养肝明目
# 鲜肝土豆粥

**原料:**

土豆20克，大米30克，鸡肝5克，盐1克。

**做法:**

① 鸡肝用流动的水冲洗干净，放入小煮锅中煮熟，捞出(煮鸡肝的水留用)，取1/3左右捣成泥状。

② 土豆清洗干净，放入小煮锅中煮至熟软，捞起，压成蓉。

③ 大米淘洗干净后，加入煮鸡肝的水，大火煮开后转中小火，熬至米粒成糊状，加入鸡肝泥和土豆蓉，调入盐，搅拌均匀关火，待温热后喂给宝宝吃。

### 解答妈妈最关心的问题

【提供给宝宝的营养】土豆具有很高的营养价值，富含淀粉、蛋白质、脂肪、粗纤维等。鸡肝含有丰富的蛋白质、钙、磷、铁、锌、维生素A、B族维生素。鸡肝的维生素A含量远远超过奶、蛋、肉、鱼等，给宝宝食用有保护视力、明目的作用。

【选购安全食材的要点】选购土豆的时候要挑选表皮颜色均匀、皮薄、有一定的重量、手感较硬的。鸡肝要选购新鲜的。

【食材搭配的宜与忌】

宜：土豆与西蓝花同食，口感好，既可补充宝宝营养，又可让宝宝很快地接受辅食的味道。

忌：发芽的土豆勿食。

**温馨提示:**
用不完的鸡肝可以用保鲜盒装好，放入冰箱冷冻室速冻，留待下一次使用。

## 预防贫血

# 香菇肉末饭

**原料:**

香菇1朵，牛瘦肉末、米饭各20克，紫菜少许，肉汤100毫升。

**做法:**

① 香菇洗干净切碎，紫菜撕成小片备用。

② 将肉汤烧开，放入牛肉末煮至八成熟，再放入米饭。

③ 待米饭煮软后撒上香菇碎、紫菜碎煮软即可。

### 解答妈妈最关心的问题

**【提供给宝宝的营养】**这一阶段的宝宝容易出现生理性贫血，牛肉、紫菜和香菇都含有丰富的铁以及碘、锌、硒等微量元素，能帮宝宝预防贫血。这道菜还含有丰富的蛋白质、胡萝卜素、核黄素、钙等，可以增强记忆，促进骨骼、牙齿的生长，提高免疫力等。

**【选购安全食材的要点】**选购香菇时，要体圆齐正、菌伞肥厚、盖面平滑、质干不碎。手捏菌柄有坚硬感，放开后菌伞随即膨松如故。色泽黄褐，菌伞下面的褶裥要紧密细白，菌柄要短而粗壮，远闻有香气。选购牛肉时看肉皮有无红点，无红点是好牛肉。此外，新鲜牛肉具有正常的气味，肉质有弹性，指压后凹陷立即恢复。

**【食材搭配的宜与忌】**

**宜:** 香菇宜与木瓜同食。

**忌:** 牛肉与栗子同食，可能会引起宝宝呕吐。

**温馨提示:**
牛肉的纤维组织较粗，结缔组织又较多，应横切。

## 增强免疫力
# 胡萝卜豌豆沙拉

**原料：**

胡萝卜20克，豌豆20克，宝宝奶酪10克。

**做法：**

① 胡萝卜去掉皮、豌豆洗干净后分别切成小碎粒，入沸水锅煮熟煮软放至温热备用。

② 将奶酪切成碎粒，与胡萝卜粒和豌豆粒拌匀即可。

### 解答妈妈最关心的问题

**【提供给宝宝的营养】** 胡萝卜含有丰富的维生素A，有利于宝宝的视力发育。豌豆中富含人体所需的各种营养物质，尤其是含有优质蛋白质，可以提高宝宝机体的抗病能力。

**【选购安全食材的要点】** 豌豆有宽荚和狭荚两个类型，宽荚的色淡绿，鲜味差。狭荚的色较深，味浓，口感较好。

**【食材搭配的宜与忌】**

**宜：** 豌豆宜与玉米同食，可起到蛋白质互补作用。

**忌：** 豌豆忌与醋同食，否则易引起人体消化不良。

**温馨提示：**
生的青豌豆可以不用洗直接放冰箱冷藏；如果是剥出来的豌豆适合冷冻。

# 护齿明目
# 胡萝卜小米粥

**原料:**

胡萝卜、小米各50克。

**做法:**

① 胡萝卜洗净，切成丁备用。

② 小米洗净，备用。

③ 将胡萝卜丁和小米一同放入锅内，加清水大火煮沸。

④ 转小火煮至胡萝卜绵软、小米开花即可。

## 解答妈妈最关心的问题

【提供给宝宝的营养】胡萝卜含有丰富的维生素A，可以保护眼睛，润泽肌肤，有利于婴儿的牙齿和骨骼发育。

【选购安全食材的要点】米粒大小、颜色均匀，呈乳白色、黄色或金黄色，有光泽，无碎米，无杂质的小米品质较佳。

【食材搭配的宜与忌】

宜: 胡萝卜与猪骨同食，可提高胡萝卜素的吸收率。

忌: 胡萝卜不宜与富含维生素C的蔬菜（如菠菜、油菜、花菜、西红柿、辣椒等）、水果（如柑橘、柠檬、草莓、枣子等）同食，否则会破坏维生素C，降低营养价值。

**温馨提示:**
烹调胡萝卜时，不要加醋，以免胡萝卜素损失。另外不要过量食用，大量摄入胡萝卜素会令皮肤的色素产生变化，变成橙黄色。如果给宝宝吃得过多，容易使皮肤变黄。

## 补血佳品
# 葡萄干土豆泥

**原料：**

土豆50克，葡萄干10粒。

**做法：**

① 葡萄干先用温水泡软，切碎备用。

② 土豆洗净，蒸熟去皮，做成土豆泥备用。

③ 小锅烧热，加少许水，煮沸，下土豆泥、葡萄干，转小火煮。

④ 出锅后晾一晾，即可食用。

### 解答妈妈最关心的问题

【提供给宝宝的营养】此辅食质软、稍甜。葡萄干含铁和钙极为丰富，是婴幼儿和体弱贫血者的滋补佳品。

【选购安全食材的要点】粒大、壮实、柔糯的葡萄干为上品；干瘪、呈黄褐色或黑褐色的品质较次。

【食材搭配的宜与忌】

宜：土豆与西蓝花同食，口感好，既可补充宝宝营养，又可让宝宝很快地接受辅食的味道。

忌：葡萄干不宜与其他含钾量高的食物同食，否则易引起高血钾症，不利于宝宝的健康。

**温馨提示：**
葡萄干可以在家中存贮一些，平时可以给宝宝当零食食用。

## 补锌补钾
# 土豆苹果糊

**原料:**

土豆20克，苹果1个，鸡汤适量。

**做法:**

① 将土豆和苹果去皮。

② 土豆蒸熟后捣成土豆泥，苹果用搅拌机粉碎成泥状。

③ 将土豆泥倒入鸡汤锅中煮开。

④ 在苹果泥中加入适量水，用另外的锅煮；煮至稀粥样时关火，将苹果糊倒在土豆泥上即可。

### 解答妈妈最关心的问题

**【提供给宝宝的营养】**这道辅食的蛋白质和维生素C、维生素$B_1$、维生素$B_2$含量非常丰富，锌、钙、磷、镁、钾含量也很高，尤其是土豆中钾的含量，可以说在蔬菜类里排第一位。

**【选购安全食材的要点】**成熟的苹果有一定的香味、质地紧密；颜色不好，没有香味的苹果是未成熟的；用力轻压会凹陷的苹果是过熟的。

**【食材搭配的宜与忌】**

**宜:** 土豆与西蓝花同食，口感好，既可补充宝宝营养，又可让宝宝很快地接受辅食的味道。

**忌:** 发芽的土豆勿食。

**温馨提示:**

土豆皮含有一种叫生物碱的物质，人体摄入大量的生物碱，会引起中毒、恶心、腹泻等反应。因此食用时一定要去皮，特别是要削净已变绿的皮。此外，发了芽的土豆毒性更大，食用时一定要把芽和芽根挖掉，并放入清水中浸泡，炖煮时宜用大火。

## 壮骨益智
# 香蕉乳酪糊

**原料：**

香蕉1/2根，天然乳酪25克，鸡蛋1个，牛奶、胡萝卜各适量。

**做法：**

① 鸡蛋连壳煮熟，取出用冷水浸一会儿，去壳，取出1/4只蛋黄，压成泥状。

② 香蕉去皮，用勺子压成泥状；胡萝卜去皮，用滚水煮熟，磨成胡萝卜泥。

③ 把蛋黄泥、香蕉泥、胡萝卜泥、天然乳酪混合，再加入牛奶，调成浓度适当的糊，放在锅内，煮开后再烧一会儿即成。

### 解答妈妈最关心的问题

【提供给宝宝的营养】天然乳酪含有丰富的蛋白质、钙、磷、钾及维生素A、维生素B、维生素C、维生素E等。本道辅食的食材搭配，有利大脑、骨骼等各器官的生长发育。

【选购安全食材的要点】选购香蕉时，以果指肥大，果皮外缘棱线较不明显，果指尾端圆滑者为佳。香蕉有梅花点食味较佳。选购时留意蕉柄不要泛黑，如出现枯干皱缩现象，很可能已开始腐坏，不可购买。

【食材搭配的宜与忌】

宜：香蕉与燕麦同食，可以提高人体血清素含量，改善睡眠，让宝宝睡得香。

忌：香蕉与芋头同食，容易导致胃部不适、腹部胀满疼痛。

**温馨提示：**
不宜给空腹的宝宝喂香蕉吃。香蕉中有较多的镁元素，镁是影响心脏功能的敏感元素，会对心血管产生抑制作用。空腹吃香蕉会使人体中的镁骤然升高而破坏人体血液中的镁钙平衡，对心血管产生抑制作用，不利于宝宝的身体健康。

## 补血排毒
# 西红柿猪肝泥

**原料:**

猪肝40克，面粉50克，西红柿1个。

**做法:**

① 猪肝洗净、浸泡后煮熟，切成碎粒。

② 西红柿洗净，放在水中煮软，捞起后去掉皮，压成泥状，加入猪肝粒、面粉，搅拌成泥糊状，蒸煮即可。

### 解答妈妈最关心的问题

【提供给宝宝的营养】西红柿含有丰富的胡萝卜素、维生素B和维生素C。动物肝中维生素A的含量远远超过奶、蛋、肉、鱼等食品，具有维持正常生长和生殖机能的作用。经常食用动物肝还能补充维生素$B_2$，这对补充机体重要的辅酶，促进机体排出一些有毒成分有重要作用；而且动物肝脏含铁丰富，铁质是产生红血球所必需的元素。

【选购安全食材的要点】西红柿要圆、大、有蒂，硬度适宜，富有弹性。不要购买带长尖或畸形的西红柿，这样的西红柿大多是由于过量使用植物生长调节剂造成的，还需注意不要购买着色不匀、花脸的西红柿，因为这很可能是由于西红柿病害造成的，味道和营养均很差。

【食材搭配的宜与忌】

宜：西红柿宜略微煮一下后食用。西红柿中的番茄红素溶于油脂中更易被人体吸收，因此，生吃时番茄红素摄入量比较少。

忌：未成熟的西红柿含有有毒物质龙葵碱，故不宜食用。

**温馨提示:**

除西红柿皮的小妙招：把开水浇在西红柿的头顶上，或者把西红柿放入开水里焯一下，西红柿的皮就会很容易被剥掉了。

## 促进大脑发育
# 菠菜米糊

**原料：**

菠菜30克，大米100克，鸡蛋1个，盐少许，鸡肉馅30克。

**做法：**

① 菠菜洗净，剁碎。鸡蛋磕入碗中，搅打均匀。

② 大米放入锅中用中火炒至微微上色，再放入搅拌机中搅打成米粉。

③ 锅中放入适量清水、米粉、鸡肉馅，大火烧沸后转小火烧煮15分钟。

④ 最后放入盐、菠菜碎和鸡蛋液，继续煮3分钟出锅，晾凉即可给宝宝食用。

### 解答妈妈最关心的问题

【提供给宝宝的营养】菠菜含有大量的叶酸，对婴幼儿的大脑神经发育有很大帮助，还含有大量的水溶性纤维素，经常摄食有利于宝宝的润肠和消化。菠菜与鸡蛋、鸡肉和大米糊搭配可以满足小宝宝日常所需的各种营养物质，是年轻妈妈为宝宝烹调的理想选择。

【选购安全食材的要点】菠菜宜选择叶子较厚，伸张得很好，且叶面宽，叶柄短的。

【食材搭配的宜与忌】

宜：菠菜宜与蛋黄同食，营养丰富，喂给婴儿既可营养大脑，又可满足婴儿对铁质的需要。

忌：菠菜不宜与黄瓜同食。黄瓜含有维生素C分解酶，而菠菜含有丰富的维生素C，二者同食会影响宝宝对维生素C的吸收。

**温馨提示：**

菠菜的草酸含量较高，在做菠菜前，先将蔬菜焯水，将绝大部分草酸去除，然后再烹饪，就可以放心食用了。

## 补肾养发
# 黑芝麻糯米糊

**原料：**

黑芝麻100克，糯米粉50克。

**做法：**

① 黑芝麻淘洗干净，沥去水分，晾干，然后用平底锅炒出香味，盛出待凉。将炒好的黑芝麻放入食品加工机，研磨成细腻的粉末。

② 糯米粉放入平底锅中小火炒成金黄色，用细筛网过筛。

③ 将炒好的糯米粉和磨好的黑芝麻粉混合。

④ 吃的时候取适量放入碗中，调入开水，搅拌均匀即可。

### 解答妈妈最关心的问题

【提供给宝宝的营养】黑芝麻含有丰富的油脂、卵磷脂、维生素E、蛋白质、叶酸等营养成分，具有润肺补肾、利肠通便的功效，很适合这个阶段的宝宝食用。

【选购安全食材的要点】选购黑芝麻时要辨别芝麻是否为染色的，长期过量摄入染色的黑芝麻，会危害健康。辨别真假黑芝麻的方法其实很简单，只要找出一粒断口的黑芝麻，看断口部分的颜色，如果断口部分也是黑色的，那就说明是染色的；如果断口部分是白色的，那就说明这种黑芝麻是真的。

【食材搭配的宜与忌】

**宜：**芝麻与冰糖同食可润肺、生津；芝麻与柠檬同食可红润脸色，预防贫血。

**忌：**芝麻不宜与巧克力同食，否则可能会影响消化、吸收。

**温馨提示：**
黑芝麻中含有丰富的不饱和脂肪酸，有利于婴儿大脑的发育。

## 补充蛋白质
# 鸡汁南瓜泥

**原料:**

南瓜40克，鸡汤适量。

**做法:**

① 南瓜去皮，洗净后切成薄片，摆放至盘中。
② 将南瓜片放入锅内，加盖大火隔水蒸10分钟。
③ 取出蒸好的南瓜，放入碗内，并加入热鸡汤，用勺子压制成泥即可。

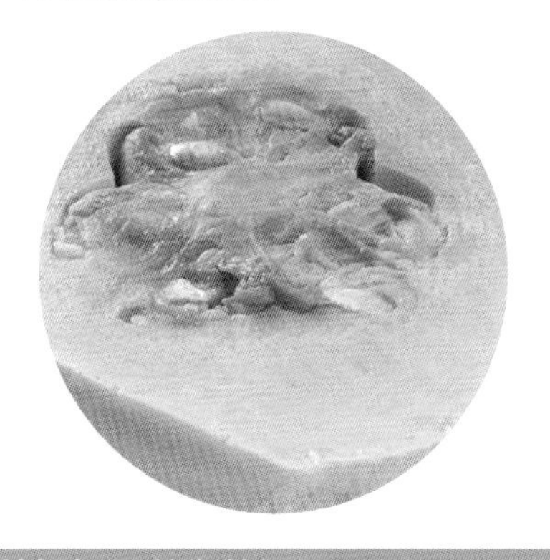

### 解答妈妈最关心的问题

**【提供给宝宝的营养】**本品是宝宝补充蛋白质的佳品。鸡汤富含蛋白质，南瓜富含钙、磷、铁、碳水化合物和多种维生素，其中胡萝卜素含量较丰富。南瓜中含有丰富的锌，参与人体内核酸、蛋白质的合成，是肾上腺皮质激素的固有成分，为人体生长发育的重要物质。

**【选购安全食材的要点】**选购南瓜时应挑选果大型，外表呈淡黄色或橘黄色，扁球形或长圆形，果皮光滑，并具有明显的浅沟或肋的南瓜。

**【食材搭配的宜与忌】**

**宜:** 南瓜与绿豆同食可补中益气、清热生津、降低血糖，二者同食有很好的强身健体作用。

**忌:** 醋与南瓜相克，同食时醋酸会破坏南瓜中营养成分；鲤鱼与南瓜相克，同食可能会中毒；螃蟹与南瓜相克，同食可能会引起中毒。

**温馨提示:**
南瓜的皮含有丰富的胡萝卜素和维生素，所以最好连皮一起食用，如果皮较硬，可以将硬的部分削去再食用。在烹调的时候，南瓜心含有相当于果肉5倍的胡萝卜素，所以尽量要全部加以利用。

## 增强免疫力

# 芒果豆腐奶酪

**原料:**

嫩豆腐100克，芒果50克，新鲜奶酪（原味）50克。

**做法:**

芒果洗净，取果肉切小块。将蒸熟的嫩豆腐、芒果和奶酪放在搅拌机中搅打成糊状。

### 解答妈妈最关心的问题

【提供给宝宝的营养】新鲜奶酪不仅营养丰富，还含有活性免疫球蛋白，可以帮助宝宝增强抵抗力。

【选购安全食材的要点】选购芒果时，以芒果的软硬程度作为判断标准，果熟度在八成或九成以上的，近蒂头处感觉硬实、富有弹性者为佳。

【食材搭配的宜与忌】

宜：芒果宜与牛奶同食，可强壮体质。

忌：芒果不宜与大蒜同食，可能会引起身体不适。

**温馨提示:**

未成熟的芒果可以放在米缸中催熟；如果已经熟了的芒果可放在保鲜盒中，放置于冰箱内存储。

## 乌发益智
# 紫米糊

**原料：**

紫米30克，大米20克，胡萝卜20克，枸杞2颗，芝麻核桃粉适量。

**做法：**

① 胡萝卜去皮切碎，枸杞洗净用温水泡10分钟，切碎。

② 紫米洗净浸泡3小时以上，用浸泡紫米的水与洗净的大米、胡萝卜碎、枸杞一起熬成粥，撒上芝麻核桃粉即可。

### 解答妈妈最关心的问题

【提供给宝宝的营养】紫米含有丰富的蛋白质、脂肪及多种维生素和微量元素，尤其是赖氨酸、色氨酸、铁，与芝麻核桃粉一样能让宝宝的头发乌黑，同时还有健脑的作用。

【选购安全食材的要点】选购紫米时应挑选米粒细长、颗粒饱满均匀、外观色泽呈紫白色或紫白色夹小紫色块的优质紫米。

**[食材搭配的宜与忌]**

**宜：**枸杞与菊花相配，用来泡茶、煮汤，有很好的明目效果。

**忌：**枸杞不能与桂圆、红参、大枣等共同食用。

**温馨提示：**
紫米富含纯天然营养色素和色氨酸，下水清洗或浸泡会出现掉色现象（营养流失），因此不宜用力搓洗，浸泡后的水（红色）请随同紫米一起蒸煮食用，不要倒掉。

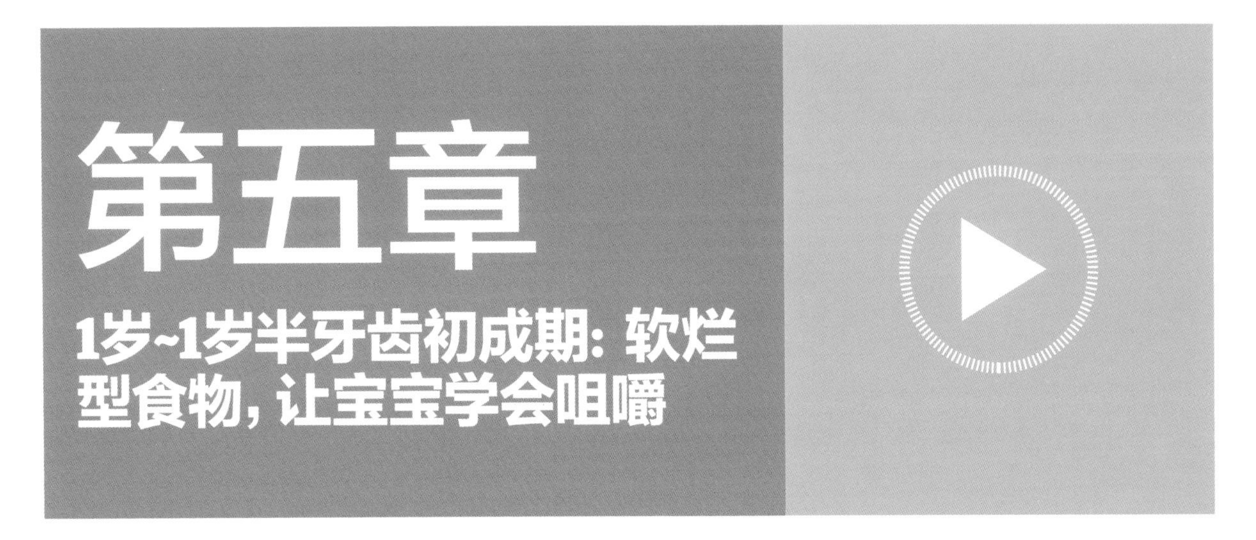


这段时期我逐渐长出更多牙牙——
从前面的切牙到后面的磨牙开始慢慢长成，
咀嚼消化的能力更强，能够很容易地吞咽食物。
但是我每个月的生长速度要开始减慢了，
爸爸妈妈不必频繁量我的身高、体重，否则会失望哦！
不过，虽然我的生长速度不及婴儿时期，
但爸爸妈妈依然要注意我的营养搭配，否则我很有可能营养不良。
这个时期是我逐渐向成人化饮食模式转变的时期，
妈妈在此阶段给我添加食物的种类和稠度要不断增加，
原先不能吃的东西也要逐渐加入进来，
由最初吃的粥、软饭、烂面条逐渐变成一些干饭，
另外也可尝试给我吃小馄饨、饺子、馒头、薄饼哦！

## 1岁~1岁半宝宝，饮食多样化最重要

宝宝1岁以后的饮食要从以奶类为主逐步过渡到以谷类食物为主，应增加蛋、肉、鱼、豆制品、蔬菜等食物的种类和数量。这一阶段如果不重视合理营养，往往会导致宝宝体重不达标，甚至发生营养不良。此时饮食的口味、食物种类、对各种食物的好恶与生活习惯有着密切的关系。因此，在这个阶段家长要求宝宝做到的自己一定要以身作则，带养人的示范作用至关重要。

### 1岁~1岁半: 饮食尽量多样化

宝宝在这个阶段的生长发育速度虽较周岁前有所减慢，但仍然属于快速生长阶段，对营养物质的需求仍比较旺盛。这个时期宝宝已经能够独立行走、会跑跳，活动能力和活动范围日渐扩大，热量消耗增多，每日需要能量5.0千焦(1200千卡)，约为成人的一半；蛋白质35~40克(其中优质蛋白质要占蛋白质总量的1/3~1/2)，脂肪35~40克，碳水化合物150~190克(2岁以后要逐渐增加来自淀粉类食物的能量，供能为总能量的50%~55%，同时相应地减少来自脂肪的能量)，矿物质和维生素的需要量均达到成人的一半以上。

周岁以上的宝宝基本可以和大人吃相同种类的食物（表5-1），比如面条、大豆、蔬菜、小块饼干等。值得一提的是，此阶段不要让宝宝的饮食过于庞杂，这样会干

表5-1 1岁~1岁半宝宝食物选择

| 食物类别 | 可以食用的食物 | 注意事项 |
| --- | --- | --- |
| 谷类 | 包括糙米在内的大部分谷类 | 如有过敏症状，糙米辅食应晚些添加 |
| 蔬菜 | 大部分蔬菜 | — |
| 水果 | 包括草莓、桃子等大部分水果 | 如果有过敏症状，草莓不宜添加 |
| 肉类 | 猪肉、鸡肉等大部分肉类 | 猪肉要去油，只添加瘦肉 |
| 鲜鱼 | 青花鱼、鱿鱼、虾蟹、牡蛎等海鲜 | 如果有过敏症状，虾蟹等海鲜不宜添加 |
| 鸡蛋 | 整个鸡蛋（蛋白和蛋黄都可以食用） | — |
| 豆类 | 大部分豆类 | 四季豆一定要烹熟 |
| 牛奶 | 鲜牛奶 | 低脂肪牛奶不宜在这个阶段添加 |
| 海藻类 | 大部分海藻 | — |
| 坚果类、油脂类 | 南瓜子、核桃等，可添加少量的奶油 | 芸豆不宜在这个阶段添加 |

扰胃的适应能力，妨碍生理消化和神经系统的活动，也会影响食欲。

### 尽量引起宝宝的吃饭兴趣

1岁~1岁半的宝宝自己吃饭的意识非常强烈，双手能够很好地捧住杯子，可以用匙笨拙地舀起食物并送入嘴里；有的宝宝已经能很好地用匙和杯子了，会耐心地等待食物，喜欢通过玩弄或者扔食物来试探父母的反应。这个阶段，你可以这样喂养宝宝。

● **一般每天可安排4~5次进餐。**1岁的幼儿正处于胃液分泌、胃肠道和肝脏等所有功能的形成时期，胃容量从婴儿期的200毫升增至300毫升左右，但每次进食量仍有限。为保证营养的供应，1岁~1岁半的幼儿每日安排进食4~5次，最多不超过6次，每昼夜食量1000~1100毫升，每餐间隔4小时。除三餐外，应在上午10点左右和下午3~4点加一次点心。进餐应有固定场所、桌椅和专用餐具。

● **食物依然要细、软、烂。**宝宝1岁多时，乳牙还没长齐，因此咀嚼能力还是比较差，消化道的消化功能也较差，虽然可以咀嚼成形的固体食物，但是依旧还要吃些细、软、烂的食物。根据宝宝用牙齿咀嚼固体食物的程度，为宝宝安排每日的饮食，此时宝宝可从规律的一日三餐中获取均衡的营养。因此，牛奶或奶粉可以逐渐减少量，每日300~400毫升即可。

● **合理烹调，培养宝宝的口味。**由于从此时开始，宝宝要逐渐培养起个人的饮食习惯，以便适应日后的成人饮食。因此家长们不要过多干涉宝宝们的饮食，而是要保护宝宝先天的食物选择能力。给宝宝做菜时，蔬菜要先洗后切，切得要细一些；炒菜时尽量做到热锅凉油，避免烹调时油温过高，产生致癌物质；尽量多用清

◀ 宝宝进餐应有固定场所和专用的桌椅餐具。

蒸、红烧和煲炖等方法，少用煎、烤等方法；口味要清淡，不宜添加酸、辣、麻等刺激性的调味品，也不宜放味精、色素和糖精等。

烧烤、火锅、腌渍、辛辣等刺激性食物，不要给宝宝喂食，最好选择蔬菜、鱼肉和低盐、少油的清淡饮食。在色、香、味、形方面都要有新意，充分调动宝宝的好奇心，促进食欲，提高进食兴趣，让他们感受到吃饭是一种乐趣，是一种美的享受。

● **宝宝的每餐饭都要注意营养搭配。**宝宝1岁以后，总体的营养需求量要高于婴儿期。即有主食、有菜肴，主食与菜肴分盘摆放、分别食用，不再把饭和菜混合在一个碗里吃。这样既可以锻炼宝宝的咀嚼能力，又有利于食物中营养素的吸收；重视荤素搭配，从小培养适量吃青菜的好习惯；还要注意粗粮、细粮、豆菌类、薯类的合理搭配。

● **注意观察宝宝的成长状况。**如果辅食添加不合理，很容易造成宝宝营养不良，通常表现为食欲欠佳、抵抗力弱、运动发育落后、骨骼畸形等症状。因此，在宝宝成长过程中要注意观察。如果宝宝虽出现消瘦，但体重呈持续增加状态，饮食量虽减少，但大便依然规律，精力旺盛，无皮肤苍白，头发稀少而黄，骨骼畸形等情况，都说明宝宝处于正常的发育状态。

● **不要强迫不想吃饭的宝宝吃饭。**过了1周岁，与大人们一日三餐都一样吃饭的宝宝增多起来，一般都是早餐吃面包或面条，午饭、晚饭吃米饭。如果母亲是个不太喜欢吃米饭的人，那么宝宝每天也只吃一顿米饭。有的宝宝能一顿吃1碗半饭，但毕竟那么能吃的宝宝太少了，如果吃那么多的饭，鸡蛋、鱼、肉等这些副食就吃不下去了。因此从营养学角度讲，我们并不希望这样。这个时期的宝宝不是很喜欢吃饭，大多数宝宝只吃儿童碗的一半或1/3左右。如果强迫不想吃饭的宝宝吃饭，把宝宝放到饭桌前的椅子上，宝宝会产生逆反心理，逃离饭桌。

## 宝宝喂养知识问答

满周岁后，宝宝的辅食逐渐转变成主食，成为宝宝成长发育的主要营养来源。但与此同时，宝宝也开始形成自己的饮食习惯和喜好，吃什么和吃多少，不再是父母说了算。这个时期，父母可能会被下面的这些喂养问题所困扰。

### 零食能“限”不能“禁”

这个时期的宝宝，尚不会控制自己的行为，在饮食上，很容易从一个极端走向另一个极端，不少宝宝迷恋零食，让父母头疼不已。这时，父母要及时予以正确引导。

#### 1. 父母多关心宝宝，不让零食成为宝宝的精神慰藉

进食被认为是一种精神慰藉。很多成年人在烦躁或者郁闷的时候，也会从食物中寻求安抚。食品对于宝宝来说，精神作用更不容忽视。爸爸妈妈和宝宝相处的时间比较多和质量度比较高，宝宝从爸爸妈妈那里得到充足的关怀和支持，他就不需要额外的物质安慰。相反，如果爸爸妈妈忽略宝宝，或者不能平等地对待宝宝，儿童的心灵受到压抑，不能从大人那里得到理解和安抚，则会转向物质。除了玩具之外，最直接的慰藉物就是零食。零食成瘾的宝宝，多半与父母的关系出了问题。然而，零食的局限性在于，它只是给宝宝暂时的心理慰藉和口腹的满足，却无法替代父母的真情关注，不能带来真正的心灵满足。

#### 2. 父母不要过度干预

香甜的零食一定是宝宝的最爱。但从经验而言，家里越是管得严，宝宝对有些“垃圾食品”的瘾也就越大。相反，那些家里比较民主且宽松，尤其是亲子关系比较好

的，宝宝反而不会那么留恋零食。经常吃“垃圾食品”，的确会危害宝宝的身体健康。过多的糖分和油脂会导致宝宝的体重超标，过多的盐分会增加心脏和肾的负荷，导致血压过高等问题。碳酸饮料会影响宝宝吸收钙质，导致骨质疏松；很多添加物都有致癌的危险。当然，宝宝是不会懂得这些的，所以每当爸爸妈妈试图阻拦宝宝“别吃、少吃”，都会遭到他们奋力而顽强的抵抗。

其实，零食和宝宝并不是敌人。带宝宝出去玩、游园或爬山，零食是妈妈包中不可缺少的食品。重要的是，要分辨哪些食品是健康的，哪些是“垃圾食品”。当然，宝宝偶尔吃几口非健康食品，爸爸妈妈也不必过于焦虑。因为那一点分量并不足以给宝宝带来危害。如果爸爸妈妈越是“处心积虑”地不让宝宝接触非健康食品，那些东西对宝宝的吸引力也就越大。

可以在家中准备一些健康零食，定时提供给宝宝，从而让宝宝能够具备分辨并抵制“垃圾食品”里人工添加物味道的能力。爸爸妈妈也应以身作则，自己不吃“垃圾食品”。最无效的方法是爸爸抽着烟、喝着可乐、嚼着薯条，却谆谆告诫宝宝：“别学我啊！这不是给宝宝吃的。”

▲ 父母忽略对宝宝的关爱，零食自然成了宝宝的慰藉品。

### 3. 跟宝宝讲道理

不妨培养宝宝良好的进餐习惯，坚持进餐规矩，该吃饭的时候必须坐在餐桌前认真吃饭，不能边吃边玩，以及饭前不可吃零食等。向宝宝平和地讲解“垃圾食品”的害处，不要欺骗宝宝，或是编造谎话骗宝宝。即使宝宝还不理解健康方面的原理，也要用温和的态度让他感觉你是替他着想，从而乐意服从你。

## 科学饮食，为宝宝构筑健康防线

一些宝宝满周岁后，就开始三天两头生病，不但让宝宝十分痛苦，更让爸爸妈妈十分难受。宝宝常生病，证明其免疫力弱（见表5-2），如果妈妈能够在平时注意给宝宝喂食一些能增强身体免疫力的食物，就能为宝宝的健康构筑一道防线。

● **多吃碱性食物**。身体的碱性环境不利于病毒的繁殖，身体若能保持碱性环境，就能有效抵御感冒病毒的侵袭。因此，爸爸妈妈应多给宝宝吃碱性食物，如葡萄、苹果、西红柿、胡萝卜、海带等，从而改变宝宝身体的内环境，有效提高宝宝身体的免疫力。

● **多吃含锌食物**。锌有“病毒克星”的美称，具有抑制感冒病毒繁殖、增强人体免疫功能之功效。爸爸

▲ 大豆中含有丰富的锌，多吃可以有效增强宝宝的免疫力。

▲ 蛋黄和奶类中含有丰富的铁元素，应让宝宝摄入一定量的蛋、奶。

妈妈可以多让宝宝吃一些富含锌的食物，如海产品、肉类、家禽、各种豆类以及坚果类食物。

● **多吃含铁食物。**人体内若缺乏铁元素，可引起B淋巴细胞和T淋巴细胞生成受损，导致免疫功能下降，降低人体的抵抗能力。爸爸妈妈可以让宝宝多吃一些含铁元素比较丰富的食物，如奶类、肉类、动物血、蛋类、菠菜等，但切忌盲目贪多，这会降低人体对锌、铜的吸收。

● **多吃富含维生素A、维生素C的食物。**维生素A具有稳定人体上皮细胞膜、增强人体免疫功能的功用。维生素C有间接地促进抗体合成、增强免疫的功用。富含维生素A的食物有鸡蛋、南瓜、奶类、胡萝卜等，富含维生素C的食物有新鲜绿叶蔬菜及各种新鲜水果。爸爸妈妈可以有意识地让宝宝多吃一些富含维生素A、维生素C的食物，可以有效增强宝宝的免疫功能。

### 宝宝饮食，慎放味精

当家长看到宝宝的食欲不佳时，往往想通过多加入味精的方式，以提高饭菜的鲜美程度来刺激宝宝的胃口，让宝宝尽量多吃一些。但是这样做，表面上是让宝宝吃得多了，实际上会对宝宝的健康带来不利的影响。

由于味精的主要成分是谷氨酸钠，当它进入人体后，会在肝脏内通过转化生成谷氨酸后再被人体所吸收和利用。医学研究证明，过量的谷氨酸能把宝宝血液中的锌带走，通过尿液排出体外，使人体缺锌。锌是人体的重要微量元素，具有维持人体正常生长发育的作用，对宝宝来说尤为重要。如果宝宝缺锌，就会出现味觉迟钝，更会加重厌食的症状，时间长了还会使宝宝智力减退、生长迟缓。所以，在烹调食物时，家长一定要注意少放或不放味精。

## 上火不用慌，饮食可“灭火”

宝宝食欲降低，不爱吃饭，烦躁不安，口腔疼痛；发病时会伴有高烧症状，还会在口腔内出现疱疹，周围有红晕，慢慢还会形成溃疡；宝宝胃肠功能紊乱，出现胃肠不适症状，如腹胀、腹痛、呕吐、腹泻等；宝宝便秘，大便次数减少，每隔3~7天才排便一次，而且大便硬而少，排便过程长，还可能出现排便困难。这些都是宝宝上火的症状。

**预防宝宝上火应注意以下事项。**

● **合理添加辅食。**1岁以上的宝宝能接受的食物越来越多，妈妈可在辅食中给宝宝多添加富含维生素及矿物质

表5-2　宝宝免疫力强弱自测

| 测评项目 | 评分标准 | 结果分析 |
|---|---|---|
| 母乳喂养 | A. 母乳喂养4个半月以上（10分）<br>B. 母乳喂养少于4个半月（5分）<br>C. 从来没有对宝宝进行母乳喂养（0分） | **①85~100分**<br>**宝宝免疫力很好，继续努力**<br>在爸爸妈妈的精心呵护下，宝宝的免疫力很好哦。一般来说，宝宝不易生病，即使生病也会很快痊愈。只要在未来生活中继续注意均衡饮食和加强锻炼，相信你的宝宝一定会更加健康的。<br>**②60~84分**<br>**宝宝免疫力一般，稍作改善**<br>宝宝的免疫系统还不算完善，要注意稍加改善。不过，宝宝偶尔生个小病也并不一定是坏事，因为宝宝在战胜疾病的同时，其免疫系统也得到了很好的锻炼和提高。宝宝若下次再遇到此种病毒，已经训练过的免疫细胞便会产生针对性极强的抗体，从而迅速将病毒消灭。<br>**③60分以下**<br>**宝宝免疫力不足，需要增强**<br>宝宝的免疫力还不成熟，需爸爸妈妈通过饮食和锻炼等方法来增强宝宝的免疫力。 |
| 合理膳食 | A. 营养均衡（10分）<br>B. 有点儿挑食（5分）<br>C. 挑食、偏食（0分） | |
| 睡眠充足 | A. 睡眠充足（10分）<br>B. 基本保证（5分）<br>C. 毫无规律（0分） | |
| 生活规律 | A. 生活很有规律（10分）<br>B. 基本规律（5分）<br>C. 毫无规律，全由宝宝做主（0分） | |
| 晒日光浴 | A. 每天一次（10分）<br>B. 偶尔一次（5分）<br>C. 从来没有（0分） | |
| 合理锻炼 | A. 经常（10分）<br>B. 偶尔（5分）<br>C. 从不锻炼（0分） | |
| 心情愉快 | A. 宝宝笑口常开（10分）<br>B. 基本愉快（5分）<br>C. 感觉不出愉快（0分） | |
| 周围环境污染程度 | A. 没有污染（10分）<br>B. 污染较少，平时注意对污染的防范（5分）<br>C. 污染严重，对周围环境的污染毫不关心（0分） | |
| 合理用药 | A. 十分合理（10分）<br>B. 比较注意（5分）<br>C. 十分随意（0分） | |
| 免疫接种 | A. 按计划定时接种疫苗（10分）<br>B. 偶然会忘记（5分）<br>C. 从来不接种（0分） | |

的食物，如菠菜、白萝卜、芹菜、油菜、卷心菜、西红柿、胡萝卜、山芋、土豆、菜花等。适当还可以给宝宝吃一些野菜和粗粮，如荠菜、香椿、玉米、麦片、南瓜等。

● **控制宝宝的零食**。尽量不给宝宝食用油炸食品等容易引起上火的零食，平时注意让宝宝多吃水果，夏天注意给宝宝补充足够的水分。

● **上火之后要给宝宝多添加降火食物**。在夏天给宝宝喝些绿豆汤或吃点绿豆粥，都能有效预防宝宝出现上火症状。菠菜具有滋阴润燥、舒肝养血的作用，是在容易上火的春天里最适合养肝的蔬菜，而且菠菜有助于人体排毒，对便秘的上火症状有较好的缓解效果。豆芽具有清热解毒、疏通肝气、健脾养胃的功效，适合有口干口渴、小便赤热、大便秘结的宝宝食用。韭菜是养阳的蔬菜，具有强健脾胃的功效，对肝功能也有益处，非常适合在容易上火的春天给宝宝食用。

## 果汁饮料不能替代水果

妈妈都知道水果对宝宝的身体和皮肤有好处，但有的宝宝就是不喜欢吃水果，一看到水果就摇脑袋。妈妈为了保证宝宝的身体健康，就会购买超市里的成品果汁饮料给宝宝喝，这些饮料味道甜美，宝宝一般都很喜欢。可是这些在所谓的果汁饮料中所含有的纯果汁最多只有10%左右，其余的成分都是水和甜味剂、香料、有机酸、增稠稳定剂等化学成分，不但缺乏宝宝身体需要的营养，还会间接伤害宝宝的身体健康，所以妈妈最好不要给宝宝购买果汁饮料，对于已经养成喝饮料习惯的宝宝，妈妈要想办法让宝宝转移注意力，放弃这个不健康的习惯。妈妈可以买台榨汁机回家，自己给宝宝榨新鲜果汁喝，这样才可以保证宝宝吸收水果中的营养成分。

▼妈妈可以尝试自己给宝宝榨新鲜果汁喝。

# 饮食课堂：学会给宝宝制作营养辅食

## 促进生长发育
## 鸡肝面条

**原料：**

宝宝营养面50克，鸡肝、小白菜各25克，鸡蛋1个，肉汤、精盐、香油适量。

**做法：**

①将鸡肝煮熟剁成细末，小白菜洗干净切成细末备用。

②将肉汤放入锅内上火煮开，放入营养面煮开后，加入适量食盐再煮一会儿。

③营养面快熟时往锅内放入鸡肝末、小白菜末稍煮片刻。鸡蛋打入碗中搅匀备用。

④营养面煮熟时，锅内浇入鸡蛋液即可出锅，滴上一点香油即可食用。

### 解答妈妈最关心的问题

【提供给宝宝的营养】肉汤、鸡蛋中都含有丰富的蛋白质，鸡肝中含有铁元素，小白菜维生素含量丰富，这样一碗简简单单的营养面却包含了宝宝身体需要的各种营养成分，在秋冬季节食用，热气腾腾、味道鲜美，是宝宝最好的选择。

【选购安全食材的要点】选购鸡肝首先要闻气味，新鲜的是扑鼻的肉香，变质的会有腥臭等异味；其次看外形，新鲜的充满弹性，陈的是失去水分、边角干燥；然后看颜色，健康的熟鸡肝有淡红色、土黄色或灰色。

【食材搭配的宜与忌】

宜：鸡肝与小白菜同食，味道鲜美，又可以充分补充宝宝的各种营养成分。

忌：鸡肝不宜与维生素C、抗凝血药物、左旋多巴、优降灵和苯乙肼等药物同食。

**温馨提示：**
鸡肝煮熟后较猪肝软，也可用猪肝代替。用不完的鸡肝可以用保鲜盒装好，放入冰箱冷冻室速冻，留待下一次使用。

## 润肠排毒
# 豌豆粥

**原料:**

大米40克，豌豆15克，鸡蛋1个。

**做法:**

① 将大米、豌豆洗净后浸泡30分钟，加水大火煮沸后，转小火慢煮至熟烂。

② 把鸡蛋打散成蛋液，慢慢倒入锅中，搅匀，稍煮片刻即可。

### 解答妈妈最关心的问题

【提供给宝宝的营养】豌豆中含有优质蛋白质和粗纤维，优质蛋白质可以提高宝宝的抗病能力和康复能力，所含粗纤维能促进大肠蠕动，保持大便通畅，起到清洁大肠的作用。

**温馨提示:**
生的青豌豆可以不用洗直接放冰箱冷藏；如果是剥出来的豌豆适合冷冻，但最好在一个月内吃完。

## 健脾养胃
# 桂圆糯米粥

**原料:**

糯米30克，桂圆肉10枚。

**做法:**

① 将糯米与桂圆肉放入水中，加盖泡2个小时。

② 将浸泡好的材料，加入水以大火烧滚后，改为小火加盖煮40分钟即可。

### 解答妈妈最关心的问题

【提供给宝宝的营养】糯米含有蛋白质、脂肪、糖类、钙、磷、铁、维生素$B_1$、维生素$B_2$、烟酸及淀粉等，营养丰富，为温补强壮食品，桂圆糯米粥具有补中益气，健脾养胃，止虚汗之功效。

**温馨提示:**
糯米宜加热后食用，冷糯米食品不但很硬，口感不好，也不易消化。

## 补钙消暑
# 虾皮丝瓜汤

**原料：**

丝瓜1根，虾皮15克，香油、精盐、植物油各适量。

**做法：**

①丝瓜去掉皮，洗干净，切成片。

②将炒锅加热，倒入植物油，热后加入丝瓜煸炒片刻，加盐加水煮开。

③加入虾皮，小火煮两分钟左右，加入香油，盛入碗内即成。

### 解答妈妈最关心的问题

【提供给宝宝的营养】虾皮中含丰富的蛋白质和矿物质，尤其是钙的含量极为丰富，有“钙库”之称，是缺钙者补钙的较佳途径。虾皮配以丝瓜煮汤，不仅汤鲜味美，清凉消暑，还能补充宝宝夏季流失的大量水分。

【选购安全食材的要点】虾皮个体呈片状，弯钩形，甲壳透明，色红白或微黄，肉丰满，体长25~40毫米。辨别其品质的优劣，可以用手紧握一把，松手虾皮个体即散开是干燥适度的优质品；松手不散，且碎末多或发黏的，则为次品或者变质品。选购丝瓜应挑选鲜嫩、结实、光亮、皮色为嫩绿或淡绿色、果肉顶端比较饱满、无臃肿感的。

【食材搭配的宜与忌】

宜：虾皮与鸡蛋同食，是宝宝获取钙质的良法。虾皮含钙多，鸡蛋也是钙元素的“富矿”，两者相加，补钙功效明显。

忌：虾皮与菠菜同食影响钙的吸收。虾皮中含有丰富的钙会与菠菜中的草酸形成草酸钙，影响宝宝对钙的吸收。

## 祛燥润肺
# 萝卜菠菜黄豆汤

**原料:**

白萝卜250克，菠菜200克，黄豆80克，盐少许。

**做法:**

① 菠菜拣去枯叶，洗干净；白萝卜洗干净，切小丁；黄豆浸泡30分钟发胀。

② 在锅中加入水和发胀的黄豆，大火烧开，再用小火焖至熟烂。

③ 放入萝卜丁，煮至酥烂后放入切碎的菠菜，烧滚开，加入少许盐即可。适宜饮用汤水，以汤代水，一日数次。

### 解答妈妈最关心的问题

**【提供给宝宝的营养】**菠菜润肠，白萝卜通气，黄豆纤维丰富，三味合一，即成独具润肠通便、清除燥热功效的佳饮靓汤，是经典的幼儿祛燥润肺的保健营养汤。

**【选购安全食材的要点】**菠菜宜选择叶子较厚，伸张得很好，且叶面宽，叶柄短的。

**【食材搭配的宜与忌】**

**宜:** 白萝卜的消化功能很强，若与豆腐伴食，有助于宝宝吸收豆腐的营养。

**忌:** 白萝卜忌与胡萝卜、橘子、柿子、人参、西洋参同食。

**温馨提示:**

菠菜除了丰富的微量元素外，还含有一种叫草酸的物质，它会和食物中的钙结合形成草酸钙，影响宝宝对食物中钙质的吸收；另外，在做菠菜等草酸含量较高的蔬菜前，先将蔬菜焯水，将绝大部分草酸去除，然后再烹饪，就可以放心食用了。

## 预防便秘
# 油菜炒香菇

**原料：**

香菇50克，新鲜油菜50克，葱末、姜末、料酒、精盐、白糖各适量。

**做法：**

① 香菇洗干净，切成丁。

② 油菜先浸泡片刻，洗净。

③ 炒锅烧热，放入植物油，油热加入葱末、姜末煸香，加入香菇丁炒透，再放油菜，加入料酒、精盐、白糖，翻炒片刻出锅。

### 解答妈妈最关心的问题

【提供给宝宝的营养】油菜中含有丰富的钙、铁和维生素C，胡萝卜素也很丰富；香菇具有高蛋白、低脂肪、多糖、多种氨基酸和多种维生素等营养物质。这道菜既能给宝宝补充丰富的营养，又能预防便秘。

【选购安全食材的要点】选购香菇时，要体圆齐正、菌伞肥厚、盖面平滑、质干不碎。手捏菌柄有坚硬感，放开后菌伞随即膨松如故。色泽黄褐，菌伞下面的褶裥要紧密细白，菌柄要短而粗壮，远闻有香气。

【食材搭配的宜与忌】

宜：油菜宜与豆腐同食，可止咳平喘，增强宝宝免疫力。

忌：油菜不宜与南瓜同食，会降低油菜的营养价值。

**温馨提示：**

山药切丁后需立即浸泡在盐水中，以防止氧化发黑。新鲜山药切开时会有黏液，极易滑刀伤手，可以先用清水加少许醋清洗，这样可减少黏液。

## 乌发益智
# 芝麻核桃面皮

**原料:**

黑芝麻、核桃仁、馄饨皮各50克，胡萝卜1根。

**做法:**

① 将核桃仁拍碎，与黑芝麻一起放入锅中，小火炒熟炒香，放凉后用研磨机打碎，制成芝麻核桃粉，用保鲜盒或保鲜袋装好，放入冰箱冷藏室保存。

② 胡萝卜去掉皮切成细丝，加一碗水煮到汤汁的颜色由无色转成淡橘黄色，取出汤汁备用。

③ 将馄饨皮擀薄，切成小片煮烂，把胡萝卜汁与面皮糊拌匀，撒上少许芝麻核桃粉即可。

**解答妈妈最关心的问题**

【提供给宝宝的营养】芝麻、核桃都含有丰富的蛋白质、脂肪以及钙等微量元素，对宝宝的大脑发育很有好处。而且常吃一些黑色食品，能让宝宝的头发乌黑亮泽。

胡萝卜汁中的胡萝卜素是碱性食品，可以和肉、蛋、米、面所产生的酸性物质中和，调节人体内的酸碱平衡，让宝宝健康成长。

【选购安全食材的要点】挑选核桃时应以取仁观察为主。选择果仁丰满，仁衣色泽黄白，仁肉白净新鲜的核桃。

【食材搭配的宜与忌】

**宜:** 芝麻宜与核桃同食。

**忌:** 核桃不能与野鸡肉一起食用。

**温馨提示:**
需要注意的是，核桃仁的食用量要适宜；不宜一次性给宝宝吃得过多，可能会生痰、恶心。

## 提高免疫力
# 草菇豆腐

**原料：**

草菇4朵，豆腐1块，鲜豌豆适量，水淀粉、酱油、油、盐各适量。

**做法：**

① 将草菇洗净，对半切开。豌豆洗净，煮熟。豆腐切片，备用。

② 中火加热锅中的1汤匙油，将豆腐下锅煎至两面呈金黄色，盛出。

③ 再起锅，加热余下的1汤匙油，倒入草菇翻炒，加入水，加热2~3分钟至草菇成熟，再加入豆腐及豌豆，放酱油和盐调味，用水淀粉勾芡，烧开即成。

**解答妈妈最关心的问题**

**【提供给宝宝的营养】**食用菌类能帮助提高人体免疫力，豆腐和豌豆营养丰富，是宝宝理想的食品。

**【选购安全食材的要点】**选购草菇时应以菇身粗壮均匀、质嫩、菇伞未开或开展小的质量为好。

**【食材搭配的宜与忌】**

**宜：**豌豆宜与玉米同食，可起到蛋白质互补作用。

**忌：**豌豆忌与醋同食，易引起人体消化不良。

**温馨提示：**
生的青豌豆可以不用洗直接放冰箱冷藏；如果是剥出来的豌豆适合冷冻。

## 补充维生素
# 猪肝泥

**原料：**

猪肝、葱末、姜末各适量。

**做法：**

① 猪肝洗净，切成片，放入沸水中焯洗去血水。

② 将猪肝放入锅中，加水、葱末、姜末用小火煮熟。

③ 取出猪肝，切碎，用勺子碾成细泥，如太干，也可加少量开水调成泥糊。

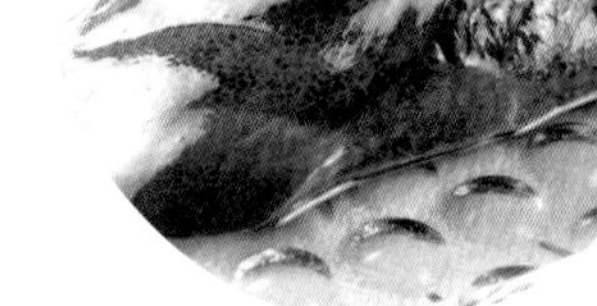

### 解答妈妈最关心的问题

【提供给宝宝的营养】猪肝泥软烂，鲜香，含有丰富的铁和维生素A、维生素$B_1$、维生素$B_2$、维生素$B_{12}$等多种维生素，其中维生素A含量极为丰富。

【选购安全食材的要点】选购猪肝时应挑选质软且嫩，手指稍用力，可插入切开处，做熟后味鲜、柔嫩者。

【食材搭配的宜与忌】

宜：猪肝配菠菜可预防贫血。

忌：猪肝忌与野鸡肉、麻雀肉、鱼肉一同食用。

**温馨提示：**
肝是动物体内最大的毒物中转站和解毒器官，所以买回的鲜肝不要急于烹调，应把肝放在自来水龙头下冲洗10分钟，然后放在水中浸泡30分钟。

## 增强免疫力

# 蔬香排骨汤

**原料：**

小排300克，冬瓜200克，香菇、平菇、小青菜心、玉米粒各50克，西红柿1个，葱6克，姜1片，盐微量。

**做法：**

① 小排洗干净斩成小块，入沸水中焯去血水；冬瓜去掉皮，洗干净，切小块；香菇、平菇、小青菜心、玉米粒择洗干净；西红柿放入沸水中烫去外皮，切小块备用；姜切块，葱分别切段、少许葱花。

② 炖锅中加清水，放入葱段、姜块，烧沸再加入排骨，改小火炖60分钟，放各式蔬菜炖15分钟。吃时捞出姜块、葱段，加盐、葱花调味。

## 解答妈妈最关心的问题

【提供给宝宝的营养】猪排中有大量的优质蛋白质和脂肪，可以为宝宝生长发育提供必需的营养。香菇、平菇含有丰富的维生素、矿物质，经常食用可以改善新陈代谢、增强免疫力，而且对智力发育很有好处呢。

【选购安全食材的要点】选购香菇时，要体圆齐正、菌伞肥厚、盖面平滑、质干不碎。手捏菌柄有坚硬感，放开后菌伞随即膨松如故。色泽黄褐，菌伞下面的褶裥要紧密细白，菌柄要短而粗壮，远闻有香气。挑选冬瓜的时候主要看冬瓜的品质。除早采的嫩瓜要求鲜嫩以外，一般晚采的老冬瓜则要求：发育充分，老熟，肉质结实，肉厚，心室小；皮色青绿，带白霜，形状端正，表皮无斑点和外伤，皮不软、不腐烂。

【食材搭配的宜与忌】

宜：冬瓜和鸡肉一同煮食，有清热消肿的功效。

忌：烹饪冬瓜的时候不要加醋，加入醋会降低冬瓜的营养价值。

**温馨提示：**
排骨的选料上，要选肥瘦相间的排骨，不能选全部是瘦肉的，否则肉中没油分。

## 增强免疫力
# 蔬菜虾蓉饭

**原料：**

西红柿1个，香菇3朵，胡萝卜1根，大虾50克，西芹少许，米饭1碗。

**做法：**

① 将香菇洗干净，去蒂，切成小碎块；胡萝卜洗干净，切粒；西芹洗干净，切成末。

② 将西红柿放入开水中烫一下，然后去掉皮，再切成小块；大虾煮熟后去掉皮，取虾仁剁成蓉。

③ 将锅置于火上，放入所有菜品，加少量水煮熟，最后再加入虾蓉，一起煮熟后淋在饭上拌匀即可。

### 解答妈妈最关心的问题

**【提供给宝宝的营养】**香菇含有多种矿物质和维生素，尤其是维生素D；西红柿含有丰富的维生素C、维生素P、钙、铁、铜、碘等营养物质；胡萝卜中含丰富的β-胡萝卜素，可促进上皮组织生长，增强视网膜的感光力，是婴幼儿必不可少的营养素；虾营养丰富，其所含蛋白质是鱼、蛋、奶的几倍到几十倍，还含有丰富的钾、碘、镁、磷等矿物质及维生素A、氨茶碱等成分。本品是宝宝摄取蛋白质、维生素和矿物质的佳品。

**【选购安全食材的要点】**选购香菇时，要体圆齐正、菌伞肥厚、盖面平滑、质干不碎。手捏菌柄有坚硬感，放开后菌伞随即膨松如故。色泽黄褐，菌伞下面的褶裥要紧密细白，菌柄要短而粗壮，远闻有香气。

**【食材搭配的宜与忌】**

**宜：**西红柿宜略微煮一下后食用。西红柿中的番茄红素溶于油脂中更易被人体吸收，因此，生吃时番茄红素摄入量比较少。

**忌：**西红柿不宜与黄瓜同食。黄瓜含有一种维生素C分解酶，会破坏其他蔬菜中的维生素C，西红柿富含维生素C，如果二者一起食用，会达不到补充营养的效果。

**温馨提示：**

此饭荤素合理搭配，不仅营养丰富，还是这个月龄段宝宝的最爱，因此可以常给宝宝做来吃。

## 补充维生素
# 茄丁炒肉末

**原料：**

猪里脊肉50克，茄子1个，葱花、含铁酱油各适量。

**做法：**

① 将茄子洗干净，去掉皮，切成丁；猪里脊肉切成丁，用水淀粉抓匀。

② 炒锅烧热，放入植物油，油热后将茄丁炒黄，取出备用。

③ 锅底留少许油，炒香葱花，再放入里脊肉丁，翻炒至肉丁颜色发白；加入熟茄丁和少许水，小火焖3分钟，加入少许含铁酱油，炒匀即可起锅。

**解答妈妈最关心的问题**

【提供给宝宝的营养】茄子是为数不多的紫色蔬菜之一，在它的紫皮中含有丰富的维生素E和维生素P，可软化微细血管，防止小血管出血；茄子纤维中所含的维生素C和皂角苷具有降低胆固醇的功效。猪里脊肉中含有钙、铁、锌；油菜中含有食物粗纤维和维生素C、B族维生素以及少量钠离子等营养素。本道菜可以给宝宝补充丰富的维生素。

【选购安全食材的要点】选购茄子时，以果形均匀周正，老嫩适度，无裂口、腐烂、锈皮、斑点，皮薄，籽少，肉厚，细嫩的为佳品。在选购里脊肉时，要求其色泽红润，肉质透明，质地紧密，富有弹性，手按后能够很快复原，并有一种特殊的猪肉鲜味。

【食材搭配的宜与忌】

**宜：**茄子与苦瓜同食可清心明目、解痛利尿。

**忌：**茄子与螃蟹同食可能引起腹泻。蟹肉性寒，茄子甘寒滑利，这两者的食物同属寒性。如果一起吃，肠胃会不舒服，严重的可能导致腹泻。

**温馨提示：**
做茄子时不宜用大火油炸，应降低烹调温度，减少吸油量，则能有效地保持茄子的营养保健价值。

## 补血护肝
# 青菜猪肝汤

**原料:**

猪肝30克，胡萝卜、西红柿各20克，鸡毛菜2棵，盐少许，肉汤适量。

**做法:**

① 将猪肝洗干净去膜，分成数块，用清水浸泡1小时后切成小粒。胡萝卜去掉皮擦丝，西红柿烫去外皮切成丁，鸡毛菜择洗干净切碎。

② 肉汤入锅烧开放入猪肝、胡萝卜煮熟，加西红柿和鸡毛菜再煮5分钟，撒盐调味即可。

## 解答妈妈最关心的问题

**【提供给宝宝的营养】**猪肝含有丰富的蛋白质以及铁、磷等微量元素，妈妈们爱给宝宝吃猪肝，主要就是因为它可以帮助造血，可以促进身体发育。青菜为含维生素和矿物质最丰富的蔬菜之一，有助于宝宝增强机体免疫能力。

**【选购安全食材的要点】**选购猪肝时应挑选质软且嫩，手指稍用力，可插入切开处，做熟后味鲜、柔嫩者。

**【食材搭配的宜与忌】**

**宜:** 猪肝配菠菜可预防贫血。

**忌:** 猪肝忌与野鸡肉、麻雀肉和鱼肉一同食用。

**温馨提示:**
给宝宝喂食猪肝要适量。每100克猪肝中含维生素A约8700国际单位，成人每天需要量为2200国际单位，宝宝每天的需要量就更少了。如大量食用猪肝，会因体内维生素A含量过多，可能会造成无法由肾脏排泄而出现中毒现象。

## 消暑止渴
# 菱角炒鸡丁

**原料：**

嫩菱角、鸡胸肉各50克，鸡蛋1个，红椒、姜、葱、水淀粉各适量。

**做法：**

① 嫩菱角去壳后切成丁，入开水锅中焯一下捞出，红椒切成丁，姜切丝，葱切末，鸡蛋取蛋清。

② 鸡胸肉切成丁后加入盐、鸡蛋清和水淀粉抓匀待用。

③ 油锅稍热，入鸡胸肉丁炒散，加入葱、姜炒一下，再加入红椒煸炒片刻，后加入菱角翻炒，同时加入少许盐，洒上水淀粉，炒片刻即可。

### 解答妈妈最关心的问题

【提供给宝宝的营养】嫩菱果肉富含淀粉，此外含有丰富葡萄糖、蛋白质、B族维生素、维生素C等，有清暑解热、益气健胃、止消渴、解酒毒、利尿通乳、抗癌等功效。鸡肉含有维生素C、维生素E等，且蛋白质的比例较高、种类多、消化率高，易被宝宝吸收利用，有增强体力、强壮身体的作用。嫩菱与鸡丁搭配营养价值更高。

【选购安全食材的要点】菱角有青色、红色和紫色，选购的时候应挑选皮脆肉美的。

【食材搭配的宜与忌】

**宜：**鸡肉和玉米搭配可提高食物的营养价值。鸡肉肉质细嫩，是较好的优质蛋白质食品，玉米中的纤维素含量很高，可以起到互补作用，从而提高食物的营养价值。

**忌：**鸡肉与菊花相克，同食会中毒。

**温馨提示：**
菱角嫩时皮脆肉美，有清香之味，可作为水果生食，能清热生津；老熟时肉厚甘美，是一种高热量的食品，营养价值可与栗子媲美。

## 补充微量元素
# 海带烧豆腐

**原料:**

水发海带丝100克，豆腐1块，熟豌豆丁30克，香油、料酒、食盐少许。

**做法:**

① 取少许高汤煮沸，加入水发海带丝煮烂。

② 将豆腐切成小块，豌豆丁入高汤锅中，上盖小火焖5分钟，滴入香油及料酒，加少许盐即可起锅。

### 解答妈妈最关心的问题

【提供给宝宝的营养】海带含碘量很高，同时含有钙、铁、锌等矿物质及海带胶，所含热量很低；豆腐为优质植物蛋白，含钙、铁、锌、镁。

【选购安全食材的要点】选购海带时应挑选质厚实、形状宽长、色浓黑褐或深绿、边缘无碎裂或黄化现象的优质海带。

【食材搭配的宜与忌】

宜：海带与冬瓜同食有清凉解暑的功效。

忌：吃海带后不要马上喝茶（茶含鞣酸），也不要立刻吃酸涩的水果（酸涩水果含植物酸）。因为海带中含有丰富的铁，以上两种食物都会阻碍机体对铁的吸收。

**温馨提示:**
海带是一种味道可口的食品，既可凉拌，又可做汤。食用前，应当先洗净，再浸泡，然后将浸泡的水和海带一起下锅做汤食用。这样可避免溶于水中的甘露醇和某些维生素被丢弃不用，从而保存了海带中的有效成分。

## 促进生长发育
# 三鲜蛋羹

**原料：**

鸡蛋1个，蘑菇1朵，精肉20克，虾仁5~6粒，葱、蒜、食油适量，料酒、盐少许。

**做法：**

① 将蘑菇洗干净切成丁，虾仁切成丁，精肉洗干净切成丁。

② 起油锅，加入葱蒜煸香，放入蘑菇、虾仁、精肉三丁，加料酒、盐，炒熟。

③ 将鸡蛋打入碗中，加少许盐和清水调匀，放入锅中蒸热。

④ 将炒好的三丁倒入蒸热的鸡蛋内搅匀，再继续蒸5~8分钟即可。

### 解答妈妈最关心的问题

【提供给宝宝的营养】蘑菇营养丰富、味道鲜美，是一种高蛋白、低脂肪、健康的食物，富含人体必需的氨基酸、矿物质、维生素和多种营养成分，和鸡蛋、精肉一起烹饪，营养丰富，具备足量的铁、钙和蛋白质，能够增强宝宝体能，促进生长发育。

【选购安全食材的要点】挑选蘑菇时，菇柄短而肥大、菇伞边缘密合于菇柄、菇体发育良好者最好。由于清洗时水分易由菇柄切口处浸入菇体而影响品质，故最好选择未经清洗的。

【食材搭配的宜与忌】

宜：蘑菇与豆腐同食，含有丰富的钙质，是小儿补钙的佳品；既可补充营养又可以提高宝宝免疫力。

忌：蘑菇性滑，便泄者慎食；禁食有毒野蘑菇。

**温馨提示：**
蘑菇为发物，故对蘑菇过敏的宝宝要忌食。

## 补充营养
# 虾汁西蓝花

**原料:**

西蓝花30克，新鲜大虾2只，盐2克。

**做法:**

① 西蓝花洗干净后放入滚水中煮软，捞出，沥去水分，切碎。

② 大虾挑去虾肠，清洗干净后放入滚水中煮熟，捞出，剥去虾壳，虾仁切碎。

③ 将碎虾仁放入小煮锅中，加入盐和少许水，大火煮5分钟成虾汁。

④ 将煮好的虾汁淋到西蓝花碎上即可。

### 解答妈妈最关心的问题

**【提供给宝宝的营养】**西蓝花含有多种维生素，大虾则含有丰富的蛋白质，二者同食可以达到营养互补。

**【选购安全食材的要点】**选购大虾时必须选用新鲜、无毒、无污染的虾。

**【食材搭配的宜与忌】**

**宜:** 西蓝花宜与土豆同食。

**忌:** 虾忌与如葡萄、石榴、山楂、柿子等含有鞣酸的水果同食。虾含有比较丰富的蛋白质和钙等营养物质。如果把它们与含有鞣酸的水果同食，会降低蛋白质的营养价值，而且鞣酸和钙离子结合形成不溶性结合物，会刺激肠胃，引起人体不适。

**温馨提示:**

西蓝花焯水后，应放入凉开水内过凉，捞出沥净水再用，烧煮和加盐时间也不宜过长，才不致丧失和破坏防癌抗癌的营养成分。

## 补益气血
# 牛奶藕粉

**原料：**

藕粉1大匙，牛奶1大匙。

**做法：**

① 把藕粉、牛奶及适量的水一起放入锅内，用微火熬煮，注意不要粘锅，边熬边搅拌，直至呈透明糊状为止。

② 还可以做成宝宝喜欢的可爱形状。

### 解答妈妈最关心的问题

**【提供给宝宝的营养】**牛奶中含有的磷，对促进幼儿大脑发育有着重要的作用。牛奶中含有维生素$B_2$，有助于视力的提高。藕的营养价值很高，富含铁、钙等元素，植物蛋白质、维生素以及淀粉含量也很丰富，有明显的补益气血，增强宝宝免疫力作用。

**【选购安全食材的要点】**选购藕粉时应该注意，纯藕粉富含铁质和还原糖等成分，与空气接触后极易因氧化而使藕粉的颜色由白转微红。从外形上看藕粉有时呈片状，并且藕粉表面上有丝状纹络。

**【食材搭配的宜与忌】**

**宜：**藕粉宜与章鱼、红枣同食。补而不燥、润而不腻、香浓可口，具有补中益气、养血健骨、滋润肌肤的功效。

**温馨提示：**
藕粉保存时间长，颜色会由微红变为红褐色，这不是变质，不妨碍食用。

## 增强免疫力
# 奶酪蘑菇粥

**原料:**

大米粥1碗，口蘑30克，肉末，菠菜各20克，胡萝卜粒少许，儿童奶酪1片，盐少许。

**做法:**

① 菠菜洗净，入沸水中焯一下，取出切末。

② 口蘑洗净切片，与肉末、胡萝卜粒放入五分稠的大米粥中煮熟、煮软。

③ 奶酪切丝，与菠菜末放入粥中煮开，下盐调味即可。

### 解答妈妈最关心的问题

【提供给宝宝的营养】口蘑中含有蛋白质，其中还有人体必需氨基酸，丰富的香菇多糖、维生素A和维生素D，是宝宝很好的辅助食品。

【选购安全食材的要点】挑选口蘑时，以菇柄短而肥大、菇伞边缘密合于菇柄、菇体发育良好者最好；因为清洗时水分易由菇柄切口处浸入菇体而影响品质，故最好选择未经清洗的。

【食材搭配的宜与忌】

宜：蘑菇与豆腐同食，含有丰富的钙质，是小儿补钙的佳品；既可补充宝宝营养又可以提高免疫力。

忌：蘑菇性滑，便泄者慎食；禁食有毒野蘑菇。

**温馨提示:**
蘑菇为发物，故对蘑菇过敏宝宝要忌食。

## 健脾开胃
# 黄鱼羹

**原料：**

黄鱼1条(约350克)，白蘑菇2只，嫩豆腐80克，香菜碎10克，蛋清1个，水淀粉15毫升，盐5克，香油5毫升。

**做法：**

① 黄鱼去鳞、内脏和鱼鳃，清洗干净，从鱼尾起沿脊骨分别片成两片鱼肉片，再切成丁。

② 白蘑菇洗净，与嫩豆腐分别切成丁。蛋清加入水淀粉在碗中打散。

③ 煮锅中加入适量水，大火煮开，分别放入豆腐丁、白蘑菇丁和黄鱼肉丁焯煮1分钟捞出，沥去水分备用。煮锅中重新加入适量凉水，大火煮开后，放入焯煮过的鱼肉丁、白蘑菇丁和豆腐丁。

④ 再次煮开后转小火，用汤勺将锅中的汤沿一个方向搅动，同时淋入蛋清和水淀粉的混合液，调入盐，再次用汤勺将锅中的汤沿一个方向搅动，出锅前倒入香油即可。

### 解答妈妈最关心的问题

【提供给宝宝的营养】黄鱼含有丰富的蛋白质、矿物质和维生素，具有健脾开胃、安神止痢的功效。

【选购安全食材的要点】挑选口蘑时，以菇柄短而肥大、菇伞边缘密合于菇柄、菇体发育良好者最好；因为清洗时水分易由菇柄切口处浸入菇体而影响品质，故最好选择未经清洗的。

【食材搭配的宜与忌】

宜：黄鱼宜与苹果同食。黄鱼中含有丰富的蛋白质、维生素和多种微量元素；苹果中维生素、微量元素的含量也较为丰富，同食有助于营养的全面补充。

忌：黄鱼忌与荞麦同食，否则会引起消化不良。《食疗本草》指出：“黄鱼不可与荞麦同食，令人失声也。”黄鱼味甘性平有小毒，多食难消化，荞麦性寒难消，食之动热风，两者都为不易消化之物，同食难消化，有伤肠胃。

**温馨提示：**
黄鱼是发物，过敏体质的宝宝应慎食。

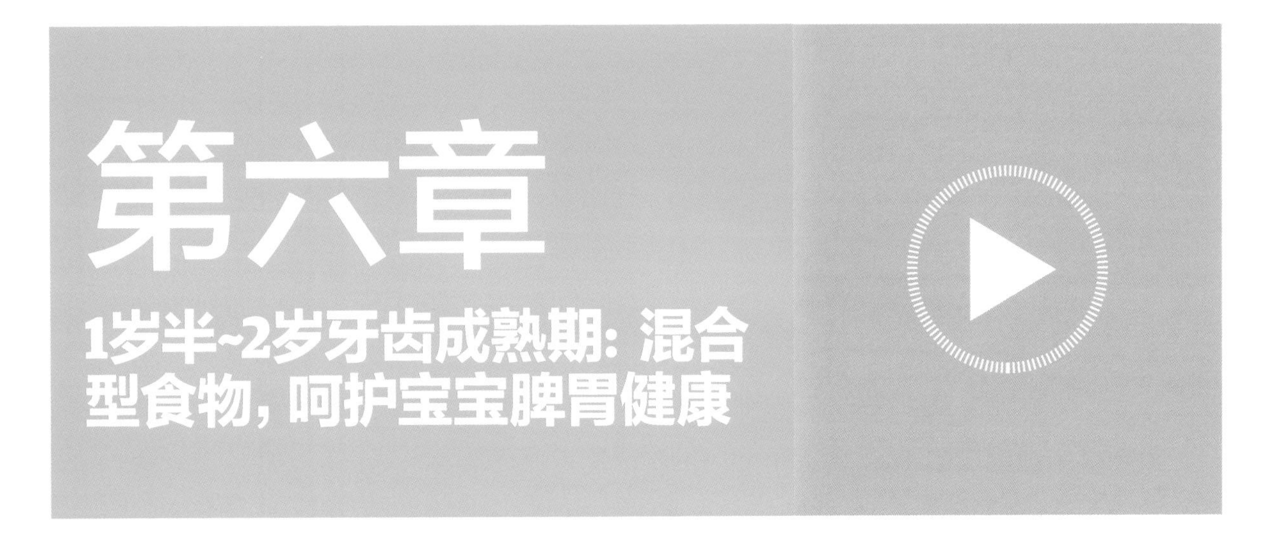


这个时期，我的舌头已经能够上下、左右、前后灵活运动了。
牙齿也坚固了很多，我会运用上下切牙把较硬的食物咬下来。
有时候我还会咬比较硬的物品，这可是我自己的发明哦！
爸爸妈妈不用担心我把牙齿咬坏，
我会适时地放过太硬的食物或物体的。
爸爸妈妈若稍微观察一下就可发现，
这个时期我咀嚼食物的动作已经比较标准了。
没错，此时的我已经能轻松地吃东西了，
主要食物也逐渐转向以混合食物为主。
不过我的消化能力还不是很好，
因此妈妈还不能完全给我吃大人的食物，
要根据我的营养需求，制作可口的食物，保证我的营养均衡哦！

## 1岁半~2岁：花样翻新，搞定小小美食家

本阶段妈妈在制作营养餐时，可加工的食物范围更广了，除非宝宝是易过敏体质，正常体质宝宝基本不用考虑食材的选择问题，只需施展拳脚做出营养又美味的食物即可。不过，宝宝可是个美食家，要搞定他不是那么容易，需要妈妈实实在在的厨艺，更需要妈妈花样不断的喂养策略。

### 1岁半~2岁：饮食多样化，合理膳食结构

此阶段的宝宝已经可以食用大部分的食物了（由于宝宝肠胃比成人弱，一些食物不宜过多给这个年龄段的宝宝食用或饮用，见表6-1），基本上可以和大人一起进餐吃饭。虽然比婴儿时期旺盛的食欲略为下降，但宝宝的活动量增加，对热能、蛋白质和其他营养素的需求仍旧旺盛。而且不再像小婴儿那样，仅仅靠吃奶或者吃简单的离乳食品就能满足身体的需求，而是需要从多种食物中获取营养。其中对热能和蛋白质的需求相当于

表6-1　1岁半~2岁宝宝的食物添加注意事项

| 类别 | 说明 |
| --- | --- |
| 刺激性太强的食品 | 酒、咖啡、浓茶、可乐等饮品不应饮用，以免影响神经系统的正常发育；汽水、清凉饮料等万一喝上就不肯放嘴，一直想喝，易造成食欲不振；辣椒、胡椒、大葱、大蒜、生姜、酸菜等食物，极易损害娇嫩的口腔、食管、胃黏膜，不应食用。 |
| 含脂肪和糖太多的食品 | 巧克力、麦乳精都是含热量很高的精制食品，长期多吃易致肥胖。 |
| 不易消化的食品 | 章鱼、墨鱼、竹笋和牛蒡之类均不易消化，不应给幼儿食用。 |
| 太咸、太腻的食品 | 咸菜、含铁酱油煮的小虾、肥肉、煎炒、油炸食品，食后极易引起呕吐，消化不良，不宜食用。 |
| 小粒食品 | 花生米、黄豆、核桃仁、瓜子极易误吸入气管，应研磨后给宝宝食用。 |
| 带壳、有渣食品食用 | 鱼刺、虾的硬皮、排骨的骨渣均可卡在喉头或误入气管，必须认真检查后方可食用。 |
| 未经卫生部门检查的自制食品 | 糖葫芦、棉花糖、花生糖、爆米花，因制作不卫生，食后造成消化道感染，也可因内含过量铅等物质，对幼儿健康有害，不宜食用。 |
| 易产气胀肚的食物 | 如洋葱、生萝卜、白薯、豆类等，只宜小量食用。 |

宝宝的牙齿快要出齐了，要注意培养他的咀嚼能力。

成人的一半，对一些维生素和矿物质的需求甚至要高于成人。这种情况下，就要求食物要多样化，膳食结构合理。妈妈们可以花些心思把平常的食品改变制作方式，让其成为宝宝口中的美味。

**喂养半流质食品，锻炼宝宝的咀嚼能力**

宝宝此时还是对半流质食品比较感兴趣，因为宝宝的牙齿刚刚长齐或者还没有完全长齐，咀嚼功能还不完善。所以，家长这时不应一味让宝宝吃流食，而要注意培养宝宝的咀嚼能力。如果继续让宝宝使用奶瓶进食，对宝宝的生长发育不利。

● **降低餐桌高度。**最好降低家庭餐桌的高度，让宝宝坐在小凳子上就能够吃饭，如果坐得“高高在上”，有些宝宝会因为远离地面而没有安全感。

● **注意营养比例。**妈妈在制作宝宝的辅食时，一定要注意营养比例的协调，宝宝每日的健康饮食应该包括蛋白质、脂类、碳水化合物、维生素、微量元素等营养物质，搭配比例要平衡，以免宝宝因偏食造成营养不良。

● **食物烹制一定要适合宝宝的年龄特点。**当宝宝刚刚结束断乳期时，消化能力还比较弱，饭菜要做得细、软、碎。随着年龄的增长，咀嚼能力增强了，饭菜加工逐渐趋向粗、硬、整。为了促进食欲，烹饪时要注意食物的色、味、形，提高宝宝就餐兴趣。掌握好各种食物的加工方法，会更利于宝宝对营养物质的吸收和利用。家长可以根据宝宝的饮食特点，选择下面的方法。

**蒸：**把食物放在蒸笼中，利用水蒸气使食物成熟。这种做法可以保持菜品的原有风味，最大限度地减少营养成分的流失，并可保持菜品的原有形态。

**熘：**做熘菜的食物多为片、丁、丝状，如豆腐丸子、土豆丸子。做熘菜首先要将挂糊或上浆的原料用中等油温炸过或用水烫熟，再把芡汁调料等放入旺火加热的锅内，倒入炸好的原料，快速颠翻出锅，保持菜品的香脆、鲜嫩。

**烧：**分为红烧、焖烧等，做法是把食物用小火煮透，使原汁和香味突出。

**炖：**在做菜时，汤、料一次性加好，在做菜的过程中不再加汤，使菜品保持原汁、原味，做出的食物味道清香、软烂、爽口。

**羹：**由做汤的基础上发展而来，在汤中加入一定的淀粉，使汤浓厚不流动，做出的食物软、鲜、嫩。

**氽：**做出汤菜或是连汤带菜，软烂适口。

需要提醒父母的是，不能因为宝宝只吃一点点就凑合，或用水煮一煮就给宝宝吃，或蒸熟了就喂给宝宝。这样很容易导致宝宝厌食。吃对宝宝来说不仅仅是为了填饱肚子，也要品尝食物的美味，也要观赏食物的色

宝宝想吃点心的时候，可以用水果或牛奶来代替。

泽。品尝美味佳肴不是成人的特权，色泽漂亮、味道鲜美的食物同样能引起宝宝的食欲。父母不但要尊重宝宝的食量，还要尊重宝宝对食物的品味。

● **要迎合宝宝的口味**。偏食的宝宝并不因为月龄的增加而有所改善，甚至可能会越来越偏食，妈妈不要硬逼着宝宝吃他不喜欢吃的食物。宝宝越大，越不情愿听妈妈的摆布，妈妈能做的就是想办法烹调出宝宝喜欢吃的菜肴。这顿不吃某一道菜没关系，过几天再做，把味道改一改，宝宝可能就喜欢吃了。

● **爸爸妈妈的模范作用**。宝宝有极强的模仿能力，父母在宝宝心目中是“英雄”，宝宝更喜欢模仿爸爸妈妈的行为。幼儿喜欢像爸爸妈妈一样吃饭，所以，不希望宝宝做的，父母一定不要做。如果父母喜欢剩饭在自己碗里，宝宝也会剩饭。

● **给宝宝额外加点心要适量**。有的宝宝比较贪吃，日常的三餐饭菜都吃得很多，小肚子鼓得圆圆的，但过了一会儿就又跑来向妈妈要点心吃。爱子心切的妈妈总是无条件地满足宝宝的愿望，但是吃过了点心的宝宝在吃下一顿正餐的时候，就会开始挑剔食物，甚至稍微吃上几口就放下碗筷，不肯吃饭了。如果出现这种状况，妈妈在宝宝跑来讨要点心的时候可以用水果、牛奶、乳制品代替，没必要让宝宝一次吃饱。而像巧克力、板栗等热量高、又容易饱腹的食物就不要作为小点心给宝宝吃了，以免宝宝不肯认真吃主食。

▲ 宝宝的偏食是暂时的，应多给宝宝尝试一些健康食物。

## 宝宝喂养知识问答

宝宝一岁半以后，独立行动的能力大大增强，不但能向大人要东西吃，还能自己取或者翻找东西吃，这时家长要正确地引导。如若发现不好的倾向，要及时予以纠正。在喂养这个阶段的宝宝的过程中，妈妈们可能会遇到以下问题。

### 饮食偏好≠偏食

我们应该正确对待宝宝的偏食，宝宝的偏食是暂时的，因为宝宝还不能马上接受新的味道。父母应耐心等待，宝宝对每一种他第一次品尝的味道，都有一个适应过程。对宝宝接受新饭菜的宽容，是避免宝宝偏食、厌食的最好办法。

▲ 巧克力等甜食对宝宝的身体健康会产生诸多不利影响。

和成人一样，宝宝也有饮食上的偏好，饮食上的偏好不能被视为偏食，只是比较喜欢某种食物，这种偏好与宝宝自身有关，也与家里的饮食习惯有关。多数宝宝比较偏好甜类食物，也有不少宝宝喜欢脂类食物，脂类可以释放出芳香的味道，闻起来让人感到香喷喷的，比甜类食物更能引起宝宝食欲。甜味是吃到嘴里以后的感觉，宝宝对这种感觉产生了美好的记忆，并不断记忆哪些食物吃到嘴里是甜的，这记忆使得宝宝能够有意识地去选择甜类食物。

宝宝如果对某种食物太偏好了，就会拒绝另一些食物，这样就易发展成偏食。偏食会导致营养不均衡，而均衡的营养是宝宝健康生长的基本保证。所以，父母要适当遏止宝宝对某种饮食过度偏好，避免向偏食方向发展。

## 甜食过量成健康“杀手”

宝宝过多吃甜食，不仅仅是损害牙齿，同时也会对宝宝的身体健康产生诸多不利影响。

### 1. 免疫力下降

饮食对人体免疫力能产生很大的影响，因为有些食物的营养成分具有调节免疫系统的功效，能增强人体免疫力。如果宝宝贪吃甜食，就会失去适量食用其他食物的机会，长期如此将会导致一些有益的营养成分无法摄取，严重影响宝宝的免疫机能。

另外，过多食用甜食还会直接导致免疫力下降。因此，妈妈应少给宝宝吃甜食以及糖分含量较高的零食，多给宝宝吃西红柿、橘子、橙子、胡萝卜、蘑菇、大蒜、菠菜等具有提高免疫力效果的食物。值得注意的是，对于某些含糖量高的水果，不宜过多食用。

### 2. 营养不良

糖分含量较高的零食一般含有木糖醇、果糖、糖精等，但含量最高的就是蔗糖。蔗糖是一种简单的碳水化合物，营养学上称之为“空能量食物”。蔗糖只能产生热量，尤其是空腹状态下给宝宝食用这些零食，蔗糖会很快被吸收而使血糖升高，导致宝宝失去饥饿感，影响进食正餐。

只有正餐的饭菜才能为人体提供均衡的营养，如果让甜食破坏了宝宝的正常饮食，就会导致宝宝缺乏各种营养，产生营养不良，时间久了会影响宝宝的正常成长发育。

### 3. 导致骨质疏松

宝宝摄入过量糖分就会使身体呈酸性，为了维持酸碱平衡，体内的钙、镁、钠等碱性物质就会参加中和作用，导致宝宝体内缺钙，从而影响宝宝的骨骼发育，甚至容易引发骨质疏松。

#### 4. 容易成为肥胖儿

糖类能被人体迅速吸收，如果不能被消耗掉，就很容易转化成脂肪贮存在体内，尤其是婴幼儿更是如此。如果宝宝很喜欢吃甜食而活动量又不大的话，可能很快就吃成了小胖子。

妈妈应该控制宝宝糖的摄入量，少给宝宝吃糖果、甜点等食物，同时多让宝宝活动，可预防宝宝患肥胖症。

#### 5. 影响视觉发育

宝宝如果过量食用甜食会诱发近视。体内过多的糖分会使体内微量元素铬的含量减少，导致眼内组织的弹性降低，眼轴容易变长。如果体内血糖过高，会影响眼房水及晶体内的渗透压改变，眼房水就会通过晶体，导致晶状体变形，眼屈光度增加，形成近视眼。另外，体内糖分过多会导致钙的含量减少，而宝宝如果缺钙就会使正在发育的眼球外壁巩膜弹力降低，眼球就比较容易被拉长，形成轴性近视眼。因此，让宝宝多食用奶制品、动物肝、蛋黄、紫菜、芹菜、胡萝卜、香菇、橘子等富含维生素$B_1$的食物，可以有效预防视力下降。

#### 6. 引发内分泌疾病

如果宝宝过量食用甜食，就会导致体内糖分过多，血糖浓度升高，从而加重胰岛的负担，如果这种情况持续下去就有可能导致宝宝患糖尿病。

另外，宝宝大量食用甜食会导致消化系统功能紊乱，从而引发消化道炎症及水肿，这时如果十二指肠压力增高，就会引发胰液排出受阻，导致急性胰腺炎。

◀ 让宝宝少吃甜食，可有效预防近视眼。

要定期给宝宝检测消化系统功能和血糖，并注意调整饮食，不要让宝宝过多摄入高热量的甜食，而应增加瘦肉、水果、蔬菜、鱼类和杂粮的摄入量。

## 过食肥肉导致健康隐患

肥肉不像瘦肉那样难嚼、易塞牙缝，因此不少宝宝偏爱吃肥肉。不少妈妈秉着“能吃是福”的原则，只要宝宝爱吃，就放任他吃。诚然，脂肪是人体内重要的供热物质，并且有利于脂溶性维生素的吸收，因此适当吃些肥肉对宝宝的生长发育是有益的。但是如果宝宝肥肉吃得过多，则会对身体产生不利的影响。主要表现在以下几个方面。

● **减少宝宝对其他食品的摄入量。**肥肉里90%是动物脂肪，脂肪可以供给人体大量的热量，并在胃里停留的时间较长，容易产生饱食感，从而影响宝宝对其他蔬菜、豆制品等的摄入量。

● **影响钙的吸收和利用。**高脂肪的饮食消化后会与钙形成不溶性的脂酸钙，从而会影响人体对钙的吸收和利用。

● **引起肥胖。**食用的肥肉过多，会使多余的热量变成脂肪积蓄起来，引起宝宝肥胖。儿童期的肥胖容易导致成年后高血压、动脉硬化以及糖尿病的发生。

● **容易形成扁平足。**宝宝食用肥肉过多会使体重增加，从而加重了双脚的负担，容易形成扁平足。

## 微波炉加热需注意的问题

微波炉加热的原理，是微波本身可以加快食物中水分子的转动，而在转动的过程中摩擦生热，使食物完成加热。由此可以看出，微波炉加热的原理与其他常用烹饪过程一样，加热过程都可能引起一些蛋白质分子结构和营养成分的改变。

和其他的加热方式比起来，用微波炉加热宝宝餐并没有什么不好的。从目前实践结果看，食物经过微波后，并不会产生有害物质，也不会残留放射性物质，但是食物加热后，或多或少会造成水溶性维生素（B族维生素与维生素C）等营养素的损失。和一般的加热方法（如煮与蒸）相比，微波加热的B族维生素耗损率与一般加热法相近，维生素C耗损率就比一般加热法低了。尤其和需要消耗许多时间的烹调方式(如炖等)比起来，微波加热所能保存的水溶性维生素量就更多了。

只是给宝宝使用微波炉热食物时，更要注意安全问题。盛装食物的容器，如果是金属或镀有金属，会反射微波，让微波无法射入食物中，最后无法加热，如果容器上有金属线(如瓷器上装饰的金色边)，还会产生火花，造成危险。所以，请使用专门用于微波加热的塑料容器盛装食物加热，避免有害物质渗出。

使用保鲜膜时，为保险起见，避免让保鲜膜直接接触食物。

鸡蛋不能放入微波炉加热，因为蛋中的水分会因加热变成水蒸气而将蛋炸开，成为“炸弹”。

用微波炉加热婴幼儿食物，因为微波不能均匀加热食物，即使充分搅拌，仍可能存在危险的热点，妈妈感觉食物或容器是凉的，而实际上食物的中心部分很热，可能烫伤宝宝的舌头和软腭，请务必小心。

## 饮食课堂：学会给宝宝制作营养辅食

### 补脑益智
### 蛋花鱼

**原料：**

豆腐100克，鱼泥50克，鸡蛋1个，含铁酱油、植物油、糖、葱末、姜丝适量。

**做法：**

① 先将鱼蒸熟后刮取鱼泥，用姜丝、含铁酱油、糖和少许植物油拌匀。

② 将鸡蛋去壳搅匀。

③ 用适量水和盐把豆腐煮熟，然后加入鱼泥用小火煨好。待熟时倒入蛋液、撒上葱末，煮熟即可。

**解答妈妈最关心的问题**

【提供给宝宝的营养】鱼肉和豆腐中都含有丰富的蛋白质、钙、磷等元素，能够满足宝宝的身体需要，对宝宝的大脑发育也十分有益。

【选购安全食材的要点】优质豆腐呈均匀的乳白色或淡黄色，稍有光泽。块形完整，软硬适度，富有一定的弹性，质地细嫩，结构均匀，无杂质，并具有豆腐特有的香味。

【食材搭配的宜与忌】

宜：豆腐所含蛋白质缺乏甲硫氨酸和赖氨酸，鱼缺乏苯丙氨酸，如果将豆腐和鱼一起吃，蛋白质的组成更合理，营养价值更高。

忌：豆腐最好不要和菠菜一起煮。

温馨提示：
蒸、煮鱼宜用开水，这是因为鱼在突遇高温时，外部组织凝固，可锁住内部鲜汁。

## 清热解毒
# 苦瓜粥

**原料:**

苦瓜20克，大米50克。

**做法:**

①苦瓜洗净后切成小块；大米洗净，浸泡1小时。

② 先将大米加水煮沸，之后再放苦瓜，煮至米烂汤稠。

### 解答妈妈最关心的问题

**【提供给宝宝的营养】**苦瓜含有苦瓜苷、类蛋白活性物质（α-苦瓜素，β-苦瓜素、MAP30）、类胰岛素活性物质（多肽-P）及多种氨基酸，具有清热降暑、清心明目、解毒的作用。

**【选购安全食材的要点】**选购苦瓜时宜挑选鲜嫩、表皮完整、无病虫害、有光泽、头厚尾尖的。

**【食材搭配的宜与忌】**

**宜:** 苦瓜与鸡蛋同食，有利于铁质的吸收，对骨骼、牙齿及血管都有很好的保健作用。苦瓜与肉丝同食，有补血益气的作用。

**忌:** 苦瓜中的草酸会与豆腐中的钙形成草酸钙，从而影响人体对钙质的吸收，所以两者最好不要同食。

**温馨提示:**
苦瓜性寒凉，多食易伤脾胃，所以一周一次即可，不可多服。

# 补充蛋白质
# 紫菜馄饨

**原料：**

速冻小馄饨3个，紫菜、小虾皮各5克，红椒10克，碎香葱3克，姜末、盐、香醋、香油适量。

**做法：**

① 将紫菜用开水烫一下，沥去水分；红椒切成细丝。

② 大火烧开小煮锅中的水，放入小馄饨煮熟，捞出。

③ 将煮熟的小馄饨、烫好的紫菜、小虾皮、红椒丝、香葱碎、姜末、盐放入碗中，加入煮馄饨的汤，然后再加香醋和香油即可。

## 解答妈妈最关心的问题

**【提供给宝宝的营养】**紫菜不仅含碘丰富，而且富含赖氨酸（赖氨酸是一种人体必需氨基酸，缺少了它，主食中蛋白质的利用率将大打折扣）。如果给宝宝吃馄饨、面条时放些紫菜，吃米饭时来碗紫菜汤，轻而易举就起到了蛋白质互补作用。

**【选购安全食材的要点】**选购紫菜以色泽紫红、无泥沙杂质、干燥为佳。

**【食材搭配的宜与忌】**

**宜：**紫菜与鸡蛋同食，可补充维生素$B_{12}$和钙质。

**忌：**紫菜与柿子同食，会影响宝宝钙质的吸收。

**温馨提示：**
平时可给宝宝包一些小馄饨、小饺子，用冰箱速冻后装入保鲜袋或保鲜盒保存，吃的时候就很方便了。

## 消肿利尿
# 冬瓜虾米汤

**原料:**

冬瓜300克，虾米20克，盐、香菜末、高汤各适量。

**做法:**

① 将虾米用温水泡软，控干水分；冬瓜去掉皮和瓤切成片。

② 锅中热油爆香虾米，放入高汤和冬瓜煮至半透明，加入盐调匀，撒入香菜末即可。

### 解答妈妈最关心的问题

**【提供给宝宝的营养】**冬瓜消肿利尿。虾米营养丰富，富含钙、磷等多种对人体有益的营养素，是宝宝获得钙的较好来源。

**【选购安全食材的要点】**选购虾米时应挑选体表色泽鲜艳发亮、发黄或浅红色的。从体形上看，要挑选虾米体形弯曲的，因为虾米是用活虾加工的，有一个逐步死亡收缩的过程。另外，在选购干虾米时还要看看里面的杂质，虾米大小匀称，其中无杂质和其他鱼干的为上品。

**【食材搭配的宜与忌】**

**宜:** 豆腐和虾米都含有丰富的钙质，同食有利于宝宝吸收和利用，能帮助宝宝骨骼、牙齿健康生长。

**忌:** 食用虾米的同时不宜服用大量维生素C，以免中毒。

**温馨提示:**
虾米烹饪前须清洗，一般第一遍泡出的水不要使用。

## 促进身体发育
# 花鲢鱼丸

**原料：**

鲢鱼1条，葱、姜少许，盐适量。

**做法：**

①将葱、姜加水煮好，放凉待用。

②将鲢鱼煮熟，去掉鱼刺，将鱼肉剁碎放入盆中，加入葱姜水搅拌，并加入适量盐，搅拌均匀后待用。

③用锅将水加热至温，用手将鱼肉挤到锅内，待全部挤好后，大火将鱼丸烧开，至鱼丸上浮即可。

## 解答妈妈最关心的问题

【提供给宝宝的营养】鲢鱼富含胶原蛋白、核酸、钙、磷等矿物质和微量元素，对宝宝大脑及肌肉、骨骼发育特别有益。这道菜鱼肉细腻、润滑、营养丰富，妈妈可以经常给宝宝食用。

【选购安全食材的要点】选购鲢鱼要挑选新鲜的活鲢鱼。

【食材搭配的宜与忌】

宜：一般宝宝均可食用。

忌：脾胃蕴热的宝宝不宜食用；患瘙痒性皮肤病、内热、荨麻疹、癣病的宝宝应忌食。

**温馨提示：**
清洗鲢鱼的时候，要将鱼肝清除掉，因为其中含有毒质。

## 补益气血
# 洋葱爆牛肉

**原料:**

牛里脊肉200克，洋葱50克，银耳15克，葱花、姜丝各适量，植物油、含铁酱油、盐各少许。

**做法:**

① 牛肉洗干净，切薄片，加入少许植物油、含铁酱油腌约10分钟；银耳浸泡发大，切小丁；洋葱洗干净，切成细丝。

② 将锅置于火上，烧热放油，放入洋葱、银耳爆炒，加入少许盐及少量的清水炒匀，盛出。

③ 炒锅再放油，烧热，放入葱花、姜丝爆香，放入牛肉片，快熟时，放入洋葱、银耳，加入调料调好味，炒匀即可。

### 解答妈妈最关心的问题

【提供给宝宝的营养】牛肉含有丰富的铁以及碘、锌、硒等微量元素，能帮宝宝预防贫血；洋葱中含有植物杀菌素如大蒜素等，有很强的杀菌能力，能帮宝宝预防感冒。

【选购安全食材的要点】选购牛肉时看肉皮有无红点，无红点是好牛肉。此外，新鲜牛肉具有正常的气味，肉有弹性，指压后凹陷立即恢复。选购洋葱时以葱头肥大，外皮光泽，不烂，无机械伤和泥土，鲜葱头不带叶为佳。

【食材搭配的宜与忌】

宜: 洋葱宜与牛肉同食，可提高牛肉中维生素$B_1$的吸收率。

忌: 牛肉忌与栗子同食，可能会引起消化不良。

温馨提示:
洋葱所含香辣味对眼睛有刺激作用，患有眼疾、眼部充血时，不宜切洋葱。

## 强身健体
# 猪肉蛋黄粥

**原料：**

猪肉100克，青豆10粒，大米50克，鸡蛋黄半个。

**做法：**

① 将蛋黄压成蓉状备用。

② 将青豆洗干净备用，大米洗干净浸半小时。

③ 将猪肉洗干净，一半切成片，一半切碎，备用。

④ 将大米及猪肉片放入炖盅，注入适量热水，隔水炖2小时，粥煮成前30分钟下猪肉碎、青豆。出锅前10分钟前加蛋黄蓉即可。

## 解答妈妈最关心的问题

【提供给宝宝的营养】这道粥香气扑鼻、营养丰富，鸡蛋富含蛋白质、脂肪、卵黄素、卵磷脂、维生素和铁、钙、钾等人体所需要的矿物质，再和肉类蛋白质、豆类蛋白质的营养混合在一起，能令骨骼强壮，强身健体，是补充宝宝体力和提升体质的上好食物。

【选购安全食材的要点】在选购猪肉时，要求其色泽红润，肉质透明，质地紧密，富有弹性，手按后能够很快复原，并有一种特殊的猪肉气味。

【食材搭配的宜与忌】

**宜：**猪肉宜与大蒜同食。猪肉中含有维生素$B_1$，如果吃肉时再配一点大蒜，可以延长维生素$B_1$在人体内停留的时间，这对促进血液循环以及尽快消除身体疲劳，增强体质，都有重要的作用。

**忌：**猪肉忌与鸽肉、鲫鱼、虾同食，同食令人滞气。

**温馨提示：**
本品不要用旺火猛煮。因为一是肉块遇到急剧的高热，肌纤维变硬，肉块就不易煮烂；二是肉中的芳香物质会随猛煮时的水气蒸发掉，使香味减少。

## 改善贫血
# 豆干肉丝

**原料:**

精肉150克，软豆干1块，浓湿淀粉、稀湿淀粉各1小勺，小葱、韭黄、姜丝、糖、盐、鸡精少许。

**做法:**

① 将精肉切成细丝，拌入少许糖和盐，加入浓湿淀粉搅匀。

② 豆干切成细丝；小葱、韭黄切寸段。

③ 起油锅，放入姜丝爆香，放入肉丝滑散，变色后放入豆干、葱段和韭黄段，适量加盐和鸡精炒熟，然后淋入稀薄的湿淀粉稍炒即可。

### 解答妈妈最关心的问题

**【提供给宝宝的营养】** 此菜味道鲜香，其中的豆干含有丰富的蛋白质、维生素A、B族维生素、钙、铁、镁、锌等，与猪肉搭配能改善宝宝缺铁性贫血。

**【选购安全食材的要点】** 猪肉红润有光泽，外观微干或湿润，不黏手，有韧性，指压后能迅速恢复，无异味者为佳。

**【食材搭配的宜与忌】**

**宜:** 猪肉与黄瓜同食，有清热解暑、滋阴润燥的功效。

**忌:** 吃猪肉后不宜大量饮茶，否则易引起便秘。

**温馨提示:**
这道菜主要是补充蛋白质和钙质。蛋白质是人体不可缺少的物质成分，豆类食物中具有丰富的植物蛋白质，和肉类所含的动物蛋白质一起食用，能够强健宝宝的体质，增强运动能力。

## 润肺补脑
# 萝卜仔排煲

**原料：**

仔排、黑木耳、白萝卜、姜、蒜、盐各适量。

**做法：**

① 将仔排用盐腌上1天，用时入开水锅中煮沸，捞出杂质。

② 将水烧开后，把仔排、水发洗干净的黑木耳、切块的白萝卜一起放入锅里。

③ 再放姜蒜，大火煮开，再用小火慢慢地炖，直至肉香萝卜酥。

### 解答妈妈最关心的问题

【提供给宝宝的营养】仔排含有丰富的蛋白质、脂肪、碳水化合物、钙、磷、铁等成分，具有补虚强身、滋阴润燥、丰肌泽肤的作用。仔排与黑木耳、萝卜搭配具有润肺补脑的功效。

【选购安全食材的要点】优质木耳表面黑而光润，有一面呈灰色，手摸上去感觉干燥，无颗粒感，嘴尝无异味，片大均匀，耳瓣舒展，体轻干燥，半透明，胀性好，无杂质，有清香气味。

【食材搭配的宜与忌】

**宜：**白萝卜与鸡肉同食有利于营养的消化吸收。

**忌：**木耳不宜与田螺同食，寒性的田螺，遇上滑利的木耳，不利于消化，所以二者不宜同时食用。

**温馨提示：**
仔排的选料上，要选肥瘦相间的排骨，不宜选用全部是瘦肉的，否则肉中没有油分。

## 消食开胃
# 双菇肉丝

**原料:**

新鲜金针菇、肉丝各150克，干香菇40克，香油、盐、白糖适量。

**做法:**

① 将新鲜金针菇去根洗干净，用开水烫熟，切成火柴梗长的小段。

② 将干香菇泡发煮熟，切成细丝；将肉丝过油致熟或开水氽熟。

③ 将金针菇段、干香菇丝和肉丝一起置于容器内，加适量香油、盐和白糖，混匀装盘即可。

### 解答妈妈最关心的问题

【提供给宝宝的营养】这道菜很适合夏季就米粥食用。金针菇含有丰富的营养蛋白质和8种人体必需氨基酸，其中精氨酸和赖氨酸含量特别丰富；香菇具有高蛋白、低脂肪、多糖、多种氨基酸和多种维生素的营养特点。宝宝在夏季经常胃口不振，不思饮食，这道菜口感鲜美，清香可口，富含动物蛋白、植物蛋白和维生素C。

【选购安全食材的要点】选购香菇时，要体圆齐正、菌伞肥厚、盖面平滑、质干不碎。手捏菌柄有坚硬感，放开后菌伞随即膨松如故。色泽黄褐，菌伞下面的褶裥要紧密细白，菌柄要短而粗壮，远闻有香气。

【食材搭配的宜与忌】

宜: 金针菇宜与西蓝花同食，可增强肝脏解毒能力、提高机体免疫力。

忌: 金针菇忌与牛奶同食，可能引发心绞痛。

温馨提示:

禁食不熟金针菇。未熟透的金针菇中含有秋水仙碱，宝宝食用后容易因氧化而产生有毒的二秋水仙碱，它对胃肠黏膜和呼吸道黏膜有强烈的刺激作用。

## 增强记忆力
# 鱼子豆腐羹

**原料：**

鲜鱼子50克，鸡蛋1个，盒装豆腐半盒，色拉油、香油、醋少许，盐、葱、香菜各适量。

**做法：**

① 将鲜鱼子洗干净，放入豆腐、鸡蛋清、色拉油、少许醋，盐及葱末搅拌均匀，放入蒸锅蒸5分钟左右。

② 将备用蛋黄放在鱼子中央，继续慢火蒸10分钟。

③ 蒸熟后，起锅加入香油、香菜即可。

### 解答妈妈最关心的问题

**【提供给宝宝的营养】**这道菜制作方法简单，但营养丰富，味道鲜美。鸡蛋含有丰富的蛋白质、钙类，而鱼子的营养价值很高，含有丰富的蛋白质和氨基酸，十分适合给宝宝增加营养食用，可以很好地帮宝宝增强记忆力。

**【选购安全食材的要点】**盒装豆腐要选择新鲜、优质的。优质豆腐呈均匀的乳白色或淡黄色，稍有光泽。块形完整，软硬适度，富有一定的弹性，质地细嫩，结构均匀，无杂质，具有豆腐特有的香味。

**【食材搭配的宜与忌】**

**宜：**豆腐所含蛋白质缺乏甲硫氨酸和赖氨酸，鱼缺乏苯丙氨酸，如果将豆腐和鱼一起吃，蛋白质的组成更合理，营养价值更高。

**忌：**豆腐最好不要和菠菜一起煮。

**温馨提示：**
脾胃虚寒，经常腹泻便溏者不宜服此羹。

## 提高免疫力
# 猕猴桃蛋饼

**原料：**

鸡蛋1个，牛奶50毫升，猕猴桃半个，酸奶半杯，白糖和盐各少许。

**做法：**

① 将鸡蛋磕入碗中，搅成蛋液，加入牛奶和盐搅匀。猕猴桃去皮，切成小块放入碗中，加入酸奶、白糖拌好。

② 将平底锅置于火上，放油烧热，倒入蛋液，煎成饼，将鸡蛋饼折三折成长条状。

③ 将鸡蛋饼摆入盘中，把拌好的猕猴桃放在上面即可。

### 解答妈妈最关心的问题

【提供给宝宝的营养】猕猴桃有“维C之王”之称，维生素C能促进机体对铁、钙及叶酸的吸收，提高机体免疫力。

【选购安全食材的要点】猕猴桃的选购要注意以下方法：选猕猴桃要选头尖尖的，而不要选扁扁的。从颜色上来看，真正熟的猕猴桃整个果实都是比较软的，挑选时买颜色略深的那种，就是接近土黄色的外皮，这是日照充足的象征，也更甜。从外表来看，选购猕猴桃时应挑选体型饱满、无伤无病的，靠近尖端的部位透出隐约绿色者最好。

【食材搭配的宜与忌】

忌：黄瓜中的维生素C分解酶会破坏人体对维生素C的吸收，故不宜与猕猴桃同食。

**温馨提示：**
腹泻宝宝不宜食用猕猴桃，过敏宝宝也不宜食用。

## 益智明目

# 鸽蛋龙眼汤

**原料：**

龙眼肉100克，枸杞子50克，鸽蛋20个，葱末、姜片各5克，盐、胡椒粉、香菜末、清汤适量。

**做法：**

① 将枸杞子、龙眼肉用温水洗干净，枸杞子去掉核，切成细末。

② 将鸽蛋用小锅加清水煮熟，剥去壳。

③ 将枸杞子、龙眼肉放入锅中加清汤煮10分钟，加盐、胡椒粉、葱、姜。

④ 将去壳的鸽蛋加入汤内，烧沸，出锅，放上香菜末即成。

### 解答妈妈最关心的问题

**【提供给宝宝的营养】**这道菜鸽蛋鲜嫩，汤味清香。鸽子蛋又被称为“动物人参”，含有优质的蛋白质、磷脂、铁、钙、维生素A、维生素$B_1$、维生素D等营养成分；枸杞子含有丰富的胡萝卜素、维生素A、维生素$B_1$、维生素$B_2$ 、维生素C和钙、铁。二者结合，是一道帮助宝宝增智补脑的美味佳肴，同时还能明目。

**【选购安全食材的要点】**选购鸽蛋时，应挑选外形匀称，表面光洁、细腻者、白里透粉者。龙眼以颗粒大，肉质厚，形圆匀称，肉白而柔软并呈透明或半透明状，且味道甜美者为佳。

**【食材搭配的宜与忌】**

**宜：**鸽蛋营养丰富，常吃可预防儿童麻疹。

**温馨提示：**
如果枸杞是有酒味的，那说明是已经变质的，不可食用。

## 补锌健脑
# 芹菜炒鳝鱼

**原料：**

鳝鱼肉250克，芹菜100克，蛋清2个，姜、盐、胡椒粉、水淀粉各适量。

**做法：**

① 将芹菜抽去筋，切成段；姜切细丝；蛋清和淀粉调成蛋清糊；鳝鱼肉切成片，用盐、蛋清糊上浆。

② 将料酒、胡椒粉、水淀粉兑成芡汁待用。

③ 将炒锅置于火上，放油烧热，放入鳝鱼片划散，再放入芹菜，煸炒片刻，捞出，控净油。

④ 锅留底油，放入姜丝、鳝鱼片、芹菜，烹入兑好的芡汁，炒熟即可。

### 解答妈妈最关心的问题

【提供给宝宝的营养】鳝鱼含锌相当丰富，还有健脑的功效，与含纤维丰富的芹菜搭配，既营养美味，又能防止便秘。

【选购安全食材的要点】挑选鳝鱼时，以表皮柔软、颜色灰黄、闻起来没有异味者为佳。

【食材搭配的宜与忌】

宜：鳝鱼宜与豆腐同食，可促进钙的吸收。

忌：鳝鱼忌与菠菜同食，否则可能会导致腹泻。

温馨提示：
鳝鱼最好是在宰后即刻烹煮食用，因为鳝鱼死后容易产生组胺，易引发中毒现象，不利于人体健康。

## 促进生长发育
# 胡萝卜丝炒肉

**原料：**

猪瘦肉50克，胡萝卜1根，香菜2根，葱、姜适量。含铁酱油、盐、醋、香油、水淀粉各适量。

**做法：**

① 将猪瘦肉剔去筋，洗干净，切成丝，放入盆内，加入水淀粉和少许盐上浆，用热锅煮开，捞出。

② 胡萝卜洗干净，切成丝；香菜洗干净，切段。

③ 将炒锅置于火上，放油烧热，放入葱姜末炝锅，放入胡萝卜丝煸炒断生，加入肉丝搅拌均匀，再加入含铁酱油、盐、醋，炒熟后加入香油、香菜，搅匀出锅即可。

### 解答妈妈最关心的问题

【提供给宝宝的营养】猪肉含有丰富的蛋白质、脂肪、碳水化合物、磷、钙、铁、维生素$B_1$、维生素$B_2$等成分，是宝宝生长发育中不可缺少的食物。

【选购安全食材的要点】在选购猪肉时，要求其色泽红润，肉质透明，质地紧密，富有弹性，手按后能够很快复原，并有一种特殊的猪肉气味。

【食材搭配的宜与忌】

宜：猪肉宜与大蒜同食。猪肉中含有维生素$B_1$，如果吃肉时再伴一点大蒜，可以延长维生素$B_1$在人体内停留的时间，这对促进血液循环以及尽快消除身体疲劳，增强体质，都有重要的作用。

忌：猪肉忌与鸽肉同食，同食令人滞气。

**温馨提示：**

找一口大锅，装满冷水，将猪肉浸入置于炉上，将火开到最小，煮约半小时，捞出洗净可去腥。

## 预防夜盲症、口角炎
# 雪菜豆腐

**原料：**

豆腐150克，猪瘦肉、雪菜各25克，植物油、盐、葱、姜少许。

**做法：**

① 将猪瘦肉洗干净，在热水中烫一下，去掉血水，剁成肉泥。

② 将雪菜洗干净，切碎。葱、姜切成碎末。豆腐切成小块，用油略煎后取出。

③ 给炒锅放油，待油热后，放入肉泥、葱、姜煸炒。再放入豆腐、雪里红末、少量清水、盐，一起炖烂即可。

### 解答妈妈最关心的问题

【提供给宝宝的营养】这道菜中含有蛋白质、脂肪、钙、磷、铁、维生素A、维生素$B_1$、维生素$B_2$、维生素C、烟酸等营养物质，能促进宝宝大脑和身体的健康生长发育，还有利于预防夜盲症、口角炎等症状。

【选购安全食材的要点】好的雪菜色泽黄亮，有特殊的香气，无腐败变质。颜色过黄，有可能添加了色素和防腐剂。

【食材搭配的宜与忌】

宜：雪菜与猪肝同食，有助于钙的吸收。

忌：雪菜不宜与醋同食，否则会破坏其营养价值。

温馨提示：
因豆腐性寒凉，脾胃虚寒、经常腹泻的宝宝要忌食。

## 清火润肺

# 荠菜熘黄鱼片

**温馨提示：**
荠菜不宜久烧久煮，时间过长会破坏其营养成分，也会使颜色变黄。

**原料：**

荠菜80克，净大黄鱼肉180克，植物油、鲜汤、盐、糖、味精、香油、水淀粉各适量。

**做法：**

① 荠菜洗干净，切碎待用。

② 剔净鱼骨的鱼肉切成鱼片，上浆备用。

③ 锅烧热放冷油，待油烧至四成热时放入鱼片，待鱼片发白断生时取出，把油沥干净。

④ 炒锅留余油加入切碎荠菜略炒，加鲜汤，放入盐、味精、糖少许，烧开投入鱼片，加水淀粉勾芡，淋上香油即可。

**解答妈妈最关心的问题**

【提供给宝宝的营养】此款菜肉质鲜嫩、口味滑爽。荠菜清香，富含叶绿素，具有清火润肺功效。黄鱼含有丰富钙、铁、磷等微量元素，宝宝生长必不可少。

【选购安全食材的要点】选购时要挑选不带花的荠菜，这样才比较鲜嫩、好吃。

【食材搭配的宜与忌】

宜：黄鱼宜与苹果同食。黄鱼中含有丰富的蛋白质、维生素和多种微量元素；苹果中维生素、微量元素的含量也较为丰富，同食有助于营养的全面补充。

忌：黄鱼忌与荞麦同食，可能会引起消化不良。《食疗本草》指出："黄鱼不可与荞麦同食，令人失声也。"黄鱼味甘性平有小毒，多食难消化，荞麦性寒难消，食之动热风，两者都为不易消化之物，同食难消化，有伤肠胃。

# 健脑明目
# 虾仁肉饺子

**原料:**

猪里脊肉200克，虾仁100克，香菇、胡萝卜、小白菜的叶子(或油菜叶、嫩芹菜叶均可)少许，油、盐、葱、含铁酱油适量。

**做法:**

① 将里脊肉、虾仁分别剁碎放入盆中，将烧开的油倒入，放入葱末、含铁酱油、少许水，搅拌均匀后待用。

② 将香菇洗干净切成片，用开水焯过后切碎；再将胡萝卜、青菜叶子分别切碎，将上述材料一起放入已搅拌好的肉馅中，再放入一点盐，搅拌均匀。

③ 擀饺子皮，要薄、小，加入馅，包成小饺子。

④ 水烧开后，将饺子放入，要多煮一会儿，待饺子上浮后即可。

## 解答妈妈最关心的问题

【提供给宝宝的营养】这道小饺子营养全面、味道鲜美。虾仁、瘦肉含有丰富蛋白质；胡萝卜富含维生素A及胡萝卜素，对宝宝眼睛和皮肤有利；绿叶菜含有多种维生素、矿物质、叶酸。对于身体、大脑正在发育时期的宝宝来说，是营养均衡的极佳食物。

【选购安全食材的要点】在选购猪里脊肉时，要求其色泽红润，肉质透明，质地紧密，富有弹性，手按后能够很快复原，并有一种特殊的猪肉鲜味。选购大虾时必须选用新鲜、无毒、无污染的虾。

【食材搭配的宜与忌】

**宜:** 猪肉宜与大蒜同食。猪肉中含有维生素$B_1$，如果吃肉时再配一点大蒜，可以延长维生素$B_1$在人体内停留的时间，这对促进血液循环以及尽快消除身体疲劳，增强体质，都有重要的作用。

**忌:** 虾忌与如葡萄、石榴、山楂、柿子等含有鞣酸的水果同食。

**温馨提示:**

煮饺子时，水开后加勺盐，搅和几下再下饺子，饺子不易破和黏连。

## 健脑益智
# 核桃粥

**原料：**

大米50克，核桃仁20克。

**做法：**

① 将核桃仁洗净捣碎；大米洗净，浸泡1小时。

② 将核桃仁与大米一起加适量水煮粥即可。

### 解答妈妈最关心的问题

【提供给宝宝的营养】核桃营养丰富，含有丰富的蛋白质、脂肪，矿物质和维生素，其中B族维生素和维生素E含量丰富的，可促进宝宝大脑的发育、增强记忆力。

温馨提示：
要注意的是，核桃仁的食用量要适宜；不宜一次性给宝宝吃得过多，否则可能会生痰、恶心。

## 促进身体发育
# 胡萝卜瘦肉粥

**原料：**

胡萝卜半根，鸡蛋1个，猪瘦肉、糯米各适量。

**做法：**

① 将胡萝卜、猪瘦肉洗净剁碎；糯米洗净。

② 将糯米、猪瘦肉、胡萝卜一起放入电饭锅里，打入鸡蛋，放适量水煮熟即可。

### 解答妈妈最关心的问题

【提供给宝宝的营养】鸡蛋中含有大量的维生素和矿物质及有高生物价值的蛋白质。鸡蛋黄中的卵磷脂、甘油三酯、胆固醇和卵黄素，对宝宝神经系统和身体发育有很大的作用。猪瘦肉也是维生素$B_1$、维生素$B_2$、维生素$B_{12}$的良好来源。

温馨提示：
胡萝卜颜色越深，所含的胡萝卜素越多。

健胃消食

## 山药枸杞粥

**原料:**

大米、山药各30克，枸杞子10克。

**做法:**

① 大米洗净沥干，浸泡1小时；山药去皮洗净切小块。

② 锅中加水煮开，放入大米、山药、枸杞子续煮至滚时稍搅拌，改小火熬煮30分钟即可。

**解答妈妈最关心的问题**

【提供给宝宝的营养】山药健脾益气，增强消化功能，可以促进宝宝食欲。

温馨提示:
新鲜山药切开时会有黏液，极易滑刀伤手，可以先用清水加少许醋清洗，这样可减少黏液。

健脑佳品

## 鲑鱼炖饭

**原料:**

鲑鱼肉25克，米饭半碗，牛奶、海苔、黑芝麻各适量。

**做法:**

① 海苔剪成小片，鲑鱼切小丁。

② 先将鲑鱼炒熟，下入牛奶、米饭，用小火炖煮，撒上海苔片、黑芝麻即可。

**解答妈妈最关心的问题**

【提供给宝宝的营养】鲑鱼中所含的Ω-3脂肪酸是视网膜及神经系统所必不可少的物质，有增强脑功能的功效。

温馨提示:
鲑鱼的鱼肉组织细腻滑嫩，且含丰富油质，稍微烹调即可食用，反之如果烹调太久，反而失去鱼肉的滑嫩口感。

## 健脑消食
# 西红柿炒鸡蛋

**原料：**

鸡蛋1个，西红柿1个，盐适量。

**做法：**

① 将西红柿洗净，用开水烫一下，去皮，切成片或丁，放在碗中待用。

② 鸡蛋打碎，放入盐，搅拌均匀。

③ 油烧热，把鸡蛋、西红柿倒入翻炒，出汤后稍收汁即可。

## 解答妈妈最关心的问题

【提供给宝宝的营养】西红柿不仅含有丰富的维生素C、维生素P、钙、铁、铜、碘等营养物质和具有抗氧化作用的番茄红素，还含有柠檬酸和苹果酸，可以促进宝宝的胃液对油腻食物的消化。鸡蛋含有大量的维生素和矿物质及有高生物价值的蛋白质。蛋黄中含有丰富的卵磷脂、固醇类、蛋黄素、钙、磷、铁、维生素A、维生素D及B族维生素。这些成分对增进神经系统的功能大有裨益，因此，鸡蛋又是较好的健脑食品。

【选购安全食材的要点】西红柿要圆、大、有蒂，硬度适宜，富有弹性。不要购买带长尖或畸形的西红柿，这样的西红柿大多是由于过量使用植物生长调节剂造成的。还需注意不要购买着色不匀、花脸的西红柿，因为这很可能是由于西红柿病害造成的，味道和营养均很差。

【食材搭配的宜与忌】

宜：西红柿宜略微煮一下后食用。西红柿中的番茄红素溶于油脂中更易被人体吸收，因此，生吃时番茄红素摄入量比较少。

忌：西红柿不宜与黄瓜同食。黄瓜含有一种维生素C分解酶，会破坏其他蔬菜中的维生素C，西红柿富含维生素C，如果二者一起食用，会达不到补充营养的效果。

**温馨提示：**

未成熟的西红柿不宜给宝宝吃。因为未成熟的西红柿中，含有大量有毒的番茄碱，人吃后会出现头晕、恶心、呕吐、流涎、乏力等中毒症状。

## 提高免疫力
# 蒜茸西蓝花

**原料:**

西蓝花100克，盐、蒜末、蚝油、白糖、香油各适量。

**做法:**

① 西蓝花洗净，切小块，焯水后控干。

② 净锅上火，倒入油烧热，下蒜末煸炒至金黄色，调入蚝油、白糖、盐，下入西蓝花，快速翻炒，淋香油，装盘即可。

### 解答妈妈最关心的问题

**【提供给宝宝的营养】**西蓝花的维生素C含量极高，不但有利于人体的生长发育，更重要的是能提高人体免疫功能，促进肝脏解毒，增强人的体质，增加抗病能力，提高人体机体免疫功能。

**【选购安全食材的要点】**选购西蓝花时应注意，优质的西蓝花清洁、坚实、紧密、外层叶子部分保留紧裹菜花，新鲜、饱满且呈绿色。

**【食材搭配的宜与忌】**

**忌:** 西蓝花不宜与牛奶同食，否则会影响人体对钙质的吸收。

温馨提示:

西蓝花焯水后，应放入凉开水内过凉，捞出沥净水再用，烧煮和加盐时间也不宜过长，才不致丧失和破坏防癌抗癌的营养成分。

# 抗过敏
# 丝瓜蛋花汤

**原料：**

丝瓜1根，新鲜虾皮少许，鸡蛋1个，葱花少许，盐微量，骨头汤150毫升。

**做法：**

① 丝瓜刮去外皮洗净切片，虾皮用温水泡软洗净，鸡蛋打散备用。

② 将骨头汤和虾皮放入锅中烧沸，放丝瓜片煮熟、煮软；将蛋液倒入汤中煮开，撒盐、葱花调味即可。

## 解答妈妈最关心的问题

**【提供给宝宝的营养】**丝瓜营养丰富，有很强的抗过敏作用。丝瓜中的维生素C、维生素E的含量较高，可以促进宝宝大脑的健康发育。

**【选购安全食材的要点】**选购丝瓜应挑选鲜嫩、结实、光亮、皮色为嫩绿或淡绿色、果肉顶端比较饱满、无臃肿感的。

**【食材搭配的宜与忌】**

**宜：**丝瓜宜与鸡蛋、虾同食，可润肺、补肾。丝瓜宜与毛豆同食，可防止便秘和口臭。

**忌：**丝瓜忌与白萝卜同食，否则会伤人体元气。

温馨提示：

丝瓜汁水丰富，宜现切现做，以免营养成分随汁水流走。丝瓜的味道清甜，烹煮时不宜加酱油和豆瓣酱等口味较重的酱料，以免抢味。

## 维护血管健康
# 茄子炒肉

**原料:**

茄子60克，猪瘦肉40克，葱花、姜末、蒜、盐、酱油各适量。

**做法:**

① 将猪瘦肉洗净，切成丝；茄子洗净，去皮，切成丝。

② 锅中放油，油热后入葱花、姜末煸炒，然后放肉丝煸炒，盛出。

③ 锅中再倒入油，油热后倒入茄子，加入盐、肉丝一起炒。最后加入酱油、蒜末炒匀即可。

### 解答妈妈最关心的问题

【提供给宝宝的营养】茄子含多种维生素、脂肪、蛋白质、糖及矿物质等，特别是维生素P，100克紫茄中维生素P的含量高达720毫克以上，不仅在蔬菜中出类拔萃，就是一般水果也望尘莫及。维生素P能增强人体细胞间的粘着力，改善微细血管的脆性，防止小血管出血。

【选购安全食材的要点】选购茄子时，以果形均匀周正，老嫩适度，无裂口、腐烂、锈皮、斑点，皮薄，籽少，肉厚，细嫩的为佳品。

【食材搭配的宜与忌】

宜: 茄子与苦瓜同食可清心明目、解痛利尿。

忌: 茄子与螃蟹同食可能引起腹泻。蟹肉性寒，茄子甘寒滑利，这两者的食物同属寒性。如果一起吃，肠胃会不舒服，严重的可能导致腹泻。

温馨提示:

做茄子时不宜用大火油炸，应降低烹调温度，减少吸油量，可以有效地保持茄子的营养保健价值。

## 和胃降逆
# 奶油白菜

**原料：**

白菜100克，牛奶100毫升，火腿末、盐、高汤、淀粉各适量。

**做法：**

① 将白菜洗好，切成小段；将淀粉用少量水调匀，将牛奶加在淀粉中混匀。

② 锅置火上，把油烧热，倒入白菜，再加些高汤或清水，烧至七八成熟，放入火腿末、盐调味。

③ 将调好的牛奶汁倒入锅中，再烧开即可。

### 解答妈妈最关心的问题

【提供给宝宝的营养】这道菜味鲜汤醇，含有蛋白质、维生素、膳食纤维等营养素，能补虚损、益肺胃、生津润肠，尤其有和胃降逆的作用。

【选购安全食材的要点】挑选包心的大白菜以直到顶部包心紧、分量重、底部突出、根的切口大的为好。

【食材搭配的宜与忌】

宜：白菜和豆腐是最好的搭档。豆腐含有丰富的蛋白质和脂肪，白菜含有丰富的维生素C，可增加机体对感染的抵抗力，豆腐与白菜相佐，相得益彰。

忌：宝宝有腹泻症状的时候忌食大白菜。

温馨提示：

炒白菜时可以先用开水焯一下，因为白菜中含有破坏维生素C的氧化酶，这些酶在60-90℃范围内使维生素C受到严重破坏。维生素是怕热、怕煮的物质，沸水下锅，一方面缩短了蔬菜加热的时间，另一方面也使氧化酶无法起作用，维生素C得以保存。

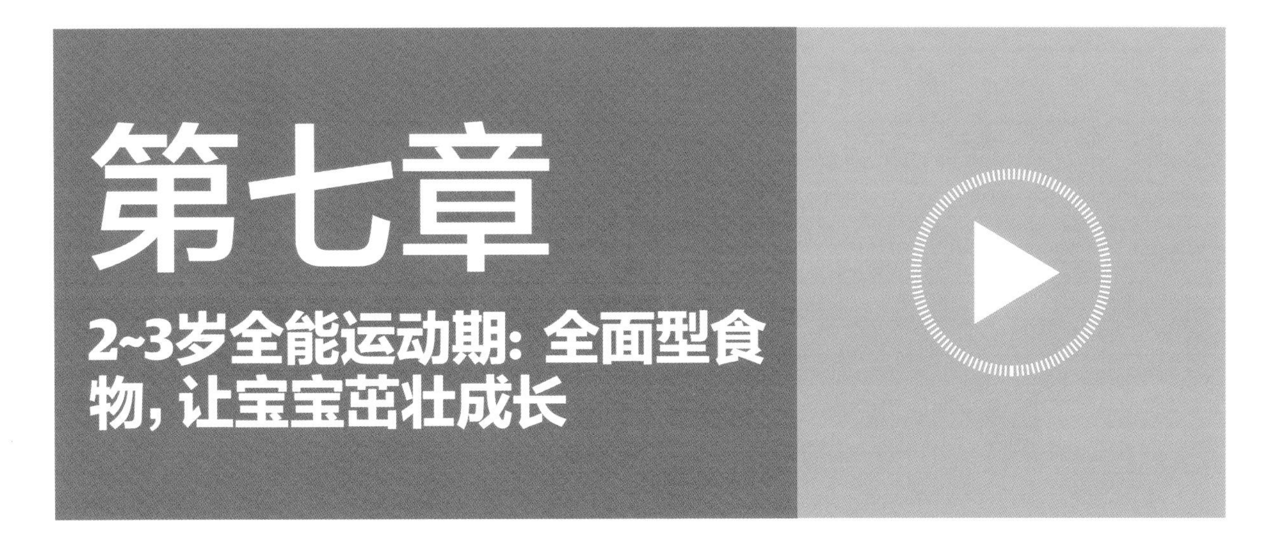


2~3岁的我咀嚼能力已经基本完善，
几乎可以吃饭桌上大部分的饭菜了。
爸爸妈妈可以适当减少单独为我做饭的时间，
只要按照我对饭菜的要求做一日三餐即可，
这样能够让我和家里人吃一样的饭菜，减少我挑食的可能。
爸爸妈妈应该用不同的烹饪方法和多样化的营养搭配来让我尝试不同的口味，
更要注意我对米饭、蔬菜、水果、肉类、牛奶等不同类型食物的均衡摄取，
这样才能保证我的身体健健康康的哦！
这个阶段的我应该可以自己进食了，
如果我还不能自己吃饭，
那么爸爸妈妈可要多下点工夫训练我自己进食的能力和习惯啦。

▼在不过敏的情况下，妈妈该给宝宝添加不同的食物。

# 2~3岁，保证营养素的平衡

在考虑此阶段宝宝的饮食时，既要照顾到宝宝的进食特点，又要考虑到宝宝生长发育的需要。宝宝的食谱应当是五谷杂粮均有，肉蛋、蔬菜、水果的数量足、质量优，以保证各类营养素的平衡。

## 2~3岁，慎吃海鲜防过敏

这个年龄段的宝宝在不过敏的情况下可以食用大部分的谷类、蔬菜、水果、肉类、鲜鱼、鸡蛋、豆类、牛奶、海藻类、坚果类和油脂类等食物。

但是这个阶段的宝宝饮食要注意过敏现象。一般来说，最常见引起过敏的食物有螃蟹、大虾、鱼类、动物内脏、鸡蛋（尤其是蛋清）等，有的宝宝对蔬菜也过敏，比如扁豆、毛豆、黄豆等豆类以及蘑菇、木耳、竹笋等。如果宝宝对某种食物过敏，最好的办法就是在相当长的一段时间内避免吃这种食物。经过几个月甚至是1~2年，宝宝长大一些，消化能力增强，便有可能逐渐地对这种食物不过敏了。

## 营养均衡，适当加餐

### 1. 兼顾宝宝饮食特点和发育特点

此阶段为宝宝添加食物，应在注意宝宝营养均衡的同时，为宝宝补充钙、铁、食物纤维等。

● **补钙的同时注意补铁。**妈妈在给宝宝补钙的同时，不要忘记了铁对宝宝生长的重要性。含铁量比较丰富的食物有瘦肉、海产品、动物肝脏、蛋黄、非精制谷类、豆及干果类、绿叶蔬菜等。维生素C可促进铁的吸收，所以，含维生素C丰富的食物也可被视为补铁食品。含鞣酸、草酸的食物不利于铁的吸收，比如菠菜是含铁量比较高的食物，但其含鞣酸也比较高，因而影响了铁的吸收。过多饮奶易发生缺铁性贫血，所以，奶类食品并不是越多越好，到了幼儿期，奶类食品就不能作为主要食物来源了。

● **补充食物纤维。**食物纤维是七大营养素之一。食物纤维摄取过少，饮食过于精细是导致宝宝便秘的主要原因，食物纤维的补充主要是通过食入水果、蔬菜、非精制面粉、某些杂粮如燕麦等。现在父母给宝宝的食品过于精细，高蛋白、高热量食物摄取过多，没有足够的食物残渣，使肠道容积不足，导致宝宝容积性便秘。

● **注意营养均衡。**现在的宝宝营养不良主要是饮食结构不合理，或过于强调某些高营养食物，而忽略了某些低营养食物所造成的。事实上，只有全面的营养、合理的膳食搭配才能避免宝宝发生营养问题。单一品种，或只吃几种所谓的高营养食物，都不能满足人体营养需要。父母需要给宝宝提供种类齐全、搭配均衡的食物，以保证宝宝生长发育所需的多种营养素。

### 2. 一日三餐，与大人一起进食

吃饭时间收起所有玩具，关掉电视机，让宝宝与大人坐在一个餐桌上，把注意力集中在吃饭上。这个阶段的宝宝一般能够自己使用餐具进食了，可以让宝宝自己拿着勺子或者筷子吃饭。

▲ 宝宝的生长仍处于迅速增长的阶段，正餐之外可适当加餐。

### 3. 适当地给宝宝加餐

2~3岁的宝宝，正餐基本上可以与大人同时进行了。不过这时宝宝的生长仍处于迅速增长的阶段，各种营养素的需要量较高，需要在正餐之外另加辅食。但是加餐与正餐的时间间隔不宜太近。

表7-1　2~3岁宝宝每日食谱参考

| 餐次 | 时间 | 饮食参考 |
| --- | --- | --- |
| 早餐 | 7:00~8:00 | 牛奶150毫升，面条或者馒头50克，蛋类或豆类食物50克 |
| 加餐 | 10:00 | 水果100克，点心少许 |
| 午餐 | 12:00~12:30 | 软米饭1小碗(50克)，海带炖鸡肉适量，冬瓜鲤鱼汤半小碗 |
| 加餐 | 15:00 | 牛奶150毫升，益智果脯、小点心适量 |
| 晚餐 | 18:30~19:00 | 营养羹1小碗，蔬菜50克 |

## 新手妈妈知识问答

对于大多数妈妈来说，宝宝吃饭问题是很让人头疼的：要么拿零食当主食吃，宝宝瘦得跟猴儿似的；要么来者不拒，还主动要吃的，吃成个胖墩儿……对于2~3岁的宝宝，你可能会遇到下面的问题。

### 饮食有度，让宝宝健康过节

● **要让宝宝多吃素菜。**每逢节假日，家庭餐桌上最常见的就是大鱼大肉，这些都是以动物蛋白和脂肪为主的荤菜，过多食用会增加宝宝的胃肠及肾脏负担，对宝宝的健康不利。因此，妈妈在节日里应多给宝宝准备蔬菜，如油菜、菠菜、甘蓝、芹菜、花椰菜、西红柿、南瓜、黄瓜等，这些食物富含维生素、纤维素及矿物质，对宝宝的生长发育大有益处。

● **合理安排宝宝的主食和副食。**节日里菜品比平时丰富，宝宝很可能吃一些菜就饱了，从而不吃主食。有些妈妈索性就让宝宝以副食代替主食，她们还以为这样更有营养。殊不知，如果妈妈不注意合理安排宝宝主食和副食的进食量，会导致宝宝肠胃消化吸收功能减弱，造成营养摄取不均衡，影响正常的生长发育。因此，妈妈要合理安排宝宝的主食与副食，注意荤素搭配，保证宝宝合理摄取营养素。

● **注意宝宝饮食安全。**节日里大人们沉浸在跟亲戚朋友小聚的欢乐氛围中，很容易忽略对宝宝的照顾，而宝宝生性好动，一疏忽宝宝就可能发生危险，如在玩闹时候吃豆状零食呛入气管等。因此，3岁前，宝宝吃花生等豆状食物时，妈妈要在旁边注意观察，以防呛入气管威胁宝宝的安全。另外，给宝宝吃带刺或有骨头的食物时，一定要小心将刺或小骨头择干净，以免扎伤嗓子。

▲ 让正处于生长发育阶段的宝宝多吃蔬菜和水果，有益宝宝健康。

### 让宝宝学会使用筷子

使用筷子可促进宝宝的智力发育。这是因为使用筷子时，控制手和面部肌肉活动的区域要比其他肌肉运动区域大得多，不仅5个手指要参与活动，腕、肩及肘关节也要参与，同时也刺激了脑细胞的发育。从宝宝两岁起，妈妈就应该开始训练宝宝使用筷子了。训练宝宝使用筷子要注意以下几点。

● **要循序渐进。**虽然使用筷子对大人来说是很轻巧的事，但对于宝宝来说却并非一件易事。因此，刚开始难免会把饭菜撒得到处都是。有些家长为了图省事，不及时训练幼儿使用筷子，一直让幼儿用汤匙吃饭，直到宝宝长到很大。这种做法是不太妥当的。幼儿使用筷子有个渐进的过程，刚开始时，家长不必强求宝宝一定要完全按照自己使用筷子的姿势，可以让宝宝自己在实践中慢慢摸索。随着年龄的增长，宝宝拿使筷子就会越来越熟练了。

●**选择适合的筷子**。怎样给宝宝选择合适的筷子也值得注意。目前，市场上有各种各样漂亮的筷子，但对于初学的幼儿来说，宜选用轻便的方形毛竹筷，一是本色的毛竹筷无毒无害，有利于宝宝健康；二是方形的毛竹筷夹住东西后不易滑落。另外，宝宝初使筷子，应先让其夹一些较大块的、容易夹起的食物，并不断加以鼓励，以增加宝宝的信心。

●**不要强迫**。值得注意的是，不要在宝宝没有准备好的情况下，以强迫的方式让宝宝使用筷子，这样的话，不但很难学会，还会挫败他的积极性。另外，如果你不愿意宝宝把餐桌搞得乱七八糟，可以在宝宝正式用筷子之前，先给他一些玩具餐具和玩具食品练习一段时间。

## 科学引导，让宝宝健康吃素食

给宝宝多吃素食是他一生健康的好开始。肉类食物纤维含量少，不易被消化，如果在肠中停留时间过久还会产生毒素，甚至引发便秘。素食能起到清洁肠胃的作用，使人的体液呈碱性。研究表明，婴幼儿体液呈碱性时智商较高，所以，素食会对宝宝的智力产生良好的影响。另外，素食蛋白质含量较高，对正处于生长发育阶段的宝宝十分有益。

素食一般分两种：一种是全素食，即不吃任何含动物成分的食物，包括奶和蛋；另一种是蛋奶素食。妈妈可以为宝宝挑选以下素食。

● **含钙素食**。钙含量较高的素食有黄豆、豆浆、玉米、花椰菜、卷心菜、奶制品等。妈妈在给宝宝制作含钙素食时要注意，甜食会影响钙的吸收，不宜一起食用。另外，食醋具有促进钙吸收的功效，在烹调时可以加点陈醋或柠檬汁，既能增强宝宝的食欲又营养健康。

●**含铁素食**。铁含量较高的食物有菠菜、鸡蛋、芝麻、黑木耳、黑米等。

▲妈妈应培养宝宝良好的进餐习惯。

● **高蛋白素食**。众所周知，蛋白质在肉类食品中的含量较高，但搭配好的素食也能为宝宝提供足够的优质蛋白。蛋白质含量较高的食物有蛋类，奶制品，黄豆及其制品，如豆腐、豆浆、豆干等。

值得提醒的是：素食比较适合肥胖、不喜欢吃蔬菜水果的宝宝；素食的搭配要注意营养均衡，保证宝宝能摄取全面的充足营养；烹调素食时要色香味俱全，以增进宝宝的食欲。

## 培养良好进餐习惯，控制好进餐时间

这个阶段的宝宝普遍存在着一个现象，就是一顿饭要吃很长的时间，有时长达两小时，并且大多数吃饭时间长的宝宝，都不是自己完成吃饭的，而是妈妈追着喂。从现在开始着手给宝宝建立起良好的进餐习惯，协助宝宝自己吃饭，用不了很长时间，宝宝就会自然而然地缩短吃饭时间，逐步养成良好的进餐习惯。妈妈可以尝试以下几种方法，有效控制宝宝的进餐时间。

● **吃饭时间不做其他事情。**避免边吃饭边看电视、边吃饭边教育宝宝、边吃饭边对宝宝进行营养指导、边吃饭边游戏等。

● **不让宝宝吃饭时离开饭桌。**如果让宝宝坐在餐椅里可避免宝宝到处跑，那就毫不犹豫地让宝宝坐在餐椅里。宝宝还没吃完饭就离开饭桌，妈妈不要追着宝宝喂饭，也不要呵斥宝宝，只需把宝宝抱回饭桌，继续让宝宝吃饭。可以让宝宝围着饭桌转悠两圈，因为这么大的宝宝不能老老实实地坐在那里，但不要让宝宝离开饭桌。

● **控制吃饭时间。**最好在半小时内完成吃饭，如果宝宝没有在半小时内完成吃饭，就视为宝宝不饿，不要无限延长吃饭时间。妈妈可能要问了，宝宝没吃饱怎么办？妈妈的心情可以理解，但建立好习惯毕竟需要一定章法。虽然半个小时内宝宝没吃几口饭菜，也不要因为宝宝没吃几口，就一直把饭菜摆在饭桌上，等宝宝饿了随时吃。一定要增强宝宝对“一顿饭”与“下一顿饭”的时间概念。

● **父母的模范作用。**不希望宝宝做的，父母首先不要做，如在饭桌上看书、看报、看电视，在饭桌上吵嘴或说饭菜不好吃。

## 宝宝卡刺如何处理

大家都知道，鱼类营养丰富，常给宝宝吃鱼，既可为宝宝的身体发育提供必需的营养素，还可促进宝宝的大脑及智力发育。但是，若宝宝不慎卡到鱼刺时，妈妈要妥善处理。

▲ 宝宝若被鱼骨卡住，家长千万不能慌张，应及时妥善处理。

首先，家长千万不能惊慌，这会加深宝宝的恐惧感和疼痛感。父母应柔声安慰宝宝，同时让宝宝尽量张大嘴巴(最好用手电筒照亮宝宝的咽喉部)，观察鱼刺的大小及位置，如果能够看到鱼刺且所处位置，且较易触到，父母就可以用小镊子（最好用酒精棉擦拭干净）直接夹出。需要提醒的是，往外夹时，要固定好宝宝头部，以使鱼刺顺利取出。

如果看到鱼刺位置较深不易夹出，或无法看到鱼刺，但宝宝有疼痛感并伴随吞咽困难，就要尽快带宝宝去正规医院请医生处理。

鱼刺夹出后的两三天内，家长还应仔细观察，如宝宝有咽喉疼痛、进食不舒服或有流涎等症状，则要继续到医院复查，以防宝宝咽喉内还残留异物。

值得注意的是，宝宝卡刺后，千万不要用让宝宝连吃几口米饭、大口吞咽面食或喝醋等土办法来应急，因为这些不科学的方法不但无济于事，还会使鱼刺扎得更深。另外，强行吞咽还可能使鱼刺划伤小儿娇嫩的喉咙或食管，引起局部炎症或并发症。

## 给宝宝吃蒸、煮食物有哪些好处

一般情况下，食物在加热的过程中或多或少都会导致营养流失，如果烹调方式不合理还可能改变食物的结构，使其产生大量的有毒物质，对宝宝的健康不利。而蒸制食物最大限度地保持了食物本身的营养，并且制作过程中避免了因高温造成的成分变化。在蒸制食物的过程中，如果食材富含油脂，蒸汽还会加速油脂的释放，降低食物的油腻度。

大米、面粉、玉米面等用蒸的方法来做给宝宝吃，其营养成分可保存95%以上。如果用油炸的方法，其维生素$B_2$将会损失约50%，维生素$B_1$则几乎损失殆尽。

鸡蛋是常见的营养食品，妈妈也会经常做给宝宝吃。由于烹调方法不同，鸡蛋营养的保存和消化率也不同。煮鸡蛋的营养和消化率为100%，蒸鸡蛋的营养和消化率为98.5%，而煎鸡蛋的消化率只有81%。所以，给宝宝吃鸡蛋以蒸煮的方式最佳，既有营养又易消化。

花生营养丰富，特别是花生仁外层的红衣，具有抑制纤维蛋白溶解、促进骨髓制造血小板的功能，具有很好的止血作用。但花生只有煮着吃才能保持营养成分及功效，如果是炸着吃，虽然味道香脆，但营养成分几乎会损失一半。所以妈妈给宝宝吃花生时尽量不要用油炸，可以放在米里煮成粥，既营养又易消化，十分适合宝宝食用。

▲ 父母应及时纠正宝宝吃“独食”的习惯。

## 三妙招，让宝宝不再吃“独食”

宝宝爱吃“独食”，一方面是因为幼儿的自我意识发展，一切行为都以自己为中心，很少考虑到别人，最主要的，还是跟父母的教育方式有关。很多父母唯恐宝宝营养不良，因此，只要宝宝喜欢吃的,都让他尽情享受。看着宝宝津津有味地独自享受食物，许多妈妈都会满心欢喜。可是，有一天，父母发现，凡是小家伙喜欢吃的东西，都不许别人动，甚至连爸妈也不例外。直到这时，才意识到自己对宝宝的宠爱，无形中养成了宝宝爱吃“独食”的坏毛病。如果从小不及时加以纠正，很容易养成宝宝自私、冷漠的个性，进而影响宝宝以后的人际交往。

宝宝的吃“独食”现象，实际上是父母过于溺爱的结果，因此，要改变这一毛病，从根本上，需要爸妈改变以往的家庭教养方式，具体可从以下几个方面入手。

● **让宝宝尝到苦头与甜头。**比如，若宝宝拒绝把他喜欢的零食拿出来给大家分享，父母可以断然告诉他，下次再也不买这类食品，并要说到做到，无论宝宝怎样请求，都不能答应，让他明白这是对吃“独食”的惩罚。当他把食物分给大家的时候，要及时给予表扬，并可用他喜欢的食物进行奖励。这样，宝宝就会很乐意与他人分享食物了。

● **让宝宝充当爱心小使者。**在日常生活中，父母应利用两三岁宝宝喜欢表现的心理特点，尽量创造机会，让宝宝给全家分发水果等食物。比如，宝宝吃水果时，可先对他说：“请宝宝先把这个漂亮的苹果送给爷爷、奶奶吃。”当他完成任务后，及时地夸赞他，就这样，让宝宝反复当爱心小使者，慢慢他就会懂得心中要有他人，并会很乐意与人分享他的食物。

● **让宝宝体验被拒绝的滋味。**父母可以当着宝宝的面，吃他最喜欢的食物，如果他索要，就用他平时拒绝的话来答复，让他体验到被拒绝的滋味。父母进而可以跟宝宝讲明白不可吃“独食”的道理。

▼ 让宝宝多尝试分享的乐趣。

# 饮食课堂：学会给宝宝制作营养辅食

## 增强体力
## 火腿麦糊烧

**原料：**

鸡蛋1个，面粉、火腿丁、虾仁丁、洋葱丁、葱末、奶酪、盐、食用油各适量。

**做法：**

① 将面粉和鸡蛋倒入大碗中，稍微放点盐，一边加水一边搅拌均匀，加水使面粉鸡蛋液呈浆状即可。

② 将各种配料丁倒入面粉鸡蛋液中，搅拌均匀。

③ 给煎锅内均匀地淋入少许油，舀入一大勺浆液，转动煎锅使浆液均匀铺满锅底，小火煎至上面变色变硬，翻面再煎，至两面焦黄即可。

### 解答妈妈最关心的问题

【提供给宝宝的营养】这样摊成的火腿麦糊烧和匹萨饼有些相似，颜色鲜艳，富含蛋白质、钙等多种营养成分，能够为宝宝补充能量及多种营养素。

【选购安全食材的要点】选购虾仁时必须选用新鲜、无毒、无污染、无腐烂变质、无杂质的虾仁。选购火腿时，应挑选外观呈黄褐色或红棕色，用指压肉感到坚实，表面干燥，在梅雨季节也不会有发黏和变色等现象。

【食材搭配的宜与忌】

宜：豆腐宜与虾同食。豆腐和虾都含有丰富的钙质，同食有利于宝宝吸收和利用钙质，能帮助宝宝骨骼、牙齿健康生长。

忌：虾忌与如葡萄、石榴、山楂、柿子等含有鞣酸的水果同食。

**温馨提示：**
火腿在制作的过程中添加了大量的氯化钠（食盐）和亚硝酸钠（工业用盐），长期摄入过多盐分会导致高血压和动脉硬化，亚硝酸盐食用过量会造成食物中毒，所以大量长期食用火腿对人体健康有害，不应该将其作为蛋白质的主要来源。

## 促进生长发育

# 腐乳烧肉

**原料:**

猪后腿肉300克，植物油10克，红腐乳汤40克，白糖30克，酱油10克，葱、姜各少许。

**做法:**

① 将猪肉洗净，切成1.5厘米见方的小块。

② 炒锅置火上，放油烧热，下葱、姜末炸出香味，倒入肉块煸炒至断生，加入腐乳汤、酱油、白糖翻炒均匀，加水(以漫过肉为度)烧开，转小火焖至肉烂，收浓卤汁，盛入盘中即成。

### 解答妈妈最关心的问题

**【提供给宝宝的营养】**此菜色泽红亮，香甜可口，腐乳味浓香，并含有丰富的优质蛋白质、脂肪、钙、磷、铁、维生素$B_2$等多种幼儿生长所必需的营养素。不仅提供丰富的营养，促进生长发育，而且对营养不良、贫血有辅助治疗作用。

**【选购安全食材的要点】**新鲜的猪肉肉质紧密，富有弹性，手按后能较快复原，闻起来有特殊的鲜味，没有酸气或霉臭气。如果有异味，摸起来发黏，表明已变质。

**【食材搭配的宜与忌】**

**宜:** 猪肉与茄子相配，可降低血液中胆固醇的含量，稳定血糖；猪肉与南瓜同食，可预防糖尿病。

**忌:** 猪肉不宜与大豆同食。豆类中的多酚与肉类配合时会影响人体对蛋白质的消化和吸收。

**温馨提示:**

所有人都可吃猪肉，但有心脑血管病、糖尿病的人应慎食。

## 预防贫血
# 青椒炒肝丝

**原料：**

猪肝100克，青椒25克，香油少许，酱油适量，盐、醋各少许，白糖，淀粉各适量，葱末、姜末适量，植物油150克。

**做法：**

① 将猪肝洗净，切成丝；青椒去籽，洗净，切成细丝。

② 猪肝放入碗内，加入淀粉抓匀，然后下入四五成热的油内滑散，捞出沥油。

③ 锅中留少许油，下入葱末、姜末略炸，放入青椒丝，加入酱油、白糖、盐及少许的水，烧开后用水淀粉勾芡，倒入猪肝丝，放入醋、香油拌匀即可。

### 解答妈妈最关心的问题

【提供给宝宝的营养】此菜含有丰富的铁、蛋白质及维生素A、维生素$B_2$，常食可补血。正常幼儿食用有很好地预防贫血作用，缺铁性贫血的幼儿食用功效更佳。

【选购安全食材的要点】选购猪肝时应挑选质软且嫩，手指稍用力可插入切开处，做熟后味鲜、柔嫩者。

【食材搭配的宜与忌】

宜：猪肝配菠菜可预防贫血。

忌：猪肝忌与野鸡肉、麻雀肉和鱼肉一同食用。

**温馨提示：**
宝宝吃猪肝要适量。每100克猪肝中含维生素A约8700国际单位，成人每天需要量为2200国际单位，宝宝每天的需要量就更少了。如大量食用猪肝，会因体内维生素A含量过多，可能会造成维生素A无法由肾脏排泄而出现中毒现象。

## 促进智力发育

# 四色炒蛋

**原料:**

青椒3个，鸡蛋1个，黑木耳1小把，葱、姜、水淀粉、盐适量。

**做法:**

① 将鸡蛋的蛋清和蛋黄分别打在两个碗内，并分别加入少许盐搅打均匀。黑木耳泡发待用。

② 将洗干净的青椒和黑木耳分别切成小块。

③ 油入锅烧热，分别煸炒蛋清和蛋黄，盛出。

④ 再起油锅，放入葱、姜爆香，投入青椒和黑木耳，炒到快熟时，加入少许盐，再倒入炒好的蛋清和蛋黄、水淀粉勾芡即可。

### 解答妈妈最关心的问题

【提供给宝宝的营养】黑木耳中含有大量的碳水化合物，蛋白质含量约10%，经常食用有助于补充宝宝体内的蛋白质和维生素等营养成分，促进智力发育。

【选购安全食材的要点】优质木耳表面黑而光润，有一面呈灰色，手摸上去感觉干燥，无颗粒感，嘴尝无异味，片大均匀，耳瓣舒展，体轻干燥，半透明，胀性好，无杂质，有清香气味。

【食材搭配的宜与忌】

宜：青椒宜与肉类同食，可以促进人体对营养的消化和吸收。

忌：木耳不宜与田螺同食，寒性的田螺，遇上滑利的木耳，不利于消化，所以二者不宜同时食用。

**温馨提示:**

在切辣椒时，先将刀在冷水中蘸一下，再切就不会太刺激眼睛了。

# 促进生长发育
# 鱼肉鸡蛋饼

**原料：**

洋葱10克，鱼肉20克，鸡蛋半个，黄油、奶酪各适量。

**做法：**

①将洋葱洗干净，切碎；鱼肉煮熟，放入碗内研碎。

②将鸡蛋磕入碗中，搅成蛋液，取一半加入鱼泥、洋葱末搅拌均匀，成馅。

③将平底锅置于火上，放入黄油，烧至融化，将馅团成小圆饼，放入油锅内煎炸，煎好后浇上奶酪即可。

## 解答妈妈最关心的问题

**【提供给宝宝的营养】**此饼含维生素C、胡萝卜素、卵磷脂和固醇类物质，可补充宝宝生长发育所需的营养成分。

**【选购安全食材的要点】**选购洋葱时以葱头肥大，外皮光泽，不烂，无机械伤和泥土，鲜葱头不带叶为佳。另外，洋葱表皮越干越好，包卷度愈紧密愈好；从外表看，最好可以看出透明表皮中带有茶色的纹理。

**【食材搭配的宜与忌】**

**宜：**鱼肉宜与豆腐同食。豆腐所含蛋白质缺乏甲硫氨酸和赖氨酸，鱼缺乏苯丙氨酸，豆腐和鱼一起吃，蛋白质的组成更合理，营养价值更高。

**忌：**洋葱一次不宜食用过多。

**温馨提示：**

洋葱所含香辣味对眼睛有刺激作用，患有眼疾、眼部充血时，不宜切洋葱。

# 强身壮骨 小香排

**原料:**

猪排1250克，鸡蛋清2个，含铁酱油25克，白糖、水淀粉、葱末、芥末粉、盐、味精、咖喱粉各适量。

**做法:**

① 将猪排洗干净，剁成小块，在开水中汆一遍，去除血水。

② 将汆好的排骨晾凉后沥去水，加入蛋清、盐和水淀粉，拌匀上浆。将咖喱粉、芥末粉、白糖、含铁酱油、盐、味精等一起放在碗里，搅拌均匀后调成卤汁。

③ 在炒锅里放入植物油，烧至六成热时将猪排下入，炸至金黄色时倒入漏勺里，将多余的油沥去。

④ 在炒锅里放入葱末略煸炒，将炸好的猪排和调料汁下入锅里翻炒，待卤汁将排骨裹住即可。

## 解答妈妈最关心的问题

**【提供给宝宝的营养】** 猪排骨富含优质蛋白质及锌、钙等元素，这些都是宝宝建造骨骼组织必需的营养素，具有长肌肤、壮骨骼的作用。

**【选购安全食材的要点】** 选购排骨时，以排骨肉红润有光泽，肉质紧密，表面湿润不黏手，闻起来无腥臭味者为佳。

**【食材搭配的宜与忌】**

**忌:** 猪排不宜与茶搭配食用，否则会导致便秘。

**温馨提示:**

排骨的选料上，要选肥瘦相间的排骨，不能选全部是瘦肉的，否则肉中没有油分。

## 补充维生素

# 海苔饭团

**原料：**

海苔、鸡蛋、白芝麻、萝卜干丁、鸡肉泥、米饭各适量，盐、白糖各少许。

**做法：**

① 油锅烧热，放入鸡肉泥、萝卜干丁炒散，再倒入鸡蛋炒散，加盐、糖调好味后取出备用。

② 海苔剪碎，和白芝麻拌匀，将炒好的馅包入饭团，再粘上海苔即可。

### 解答妈妈最关心的问题

【提供给宝宝的营养】海苔口味独特，营养丰富，其中维生素含量极其丰富，有“维生素宝库”之美誉，非常适合给宝宝食用。

【选购安全食材的要点】行业内分辨海苔质量的时候，一般分为特、A、B、C、D（特金银蓝绿）5个等级。特等为最优等级，无论是颜色还是口感都是最棒的；一般用于出口外销和国内高端料理店使用，价格自然是相当高的，国内基本很少销售。在国内比较常见的几种做寿司的海苔中，一般C和D较常见。在国内市场上分辨常见等级时候一般通过包装识别。同一系列的海苔在包装的颜色上会有差别；标准海苔企业不同的颜色（金、银、蓝、绿）包装分别对应了不同的A、B、C、D等级。建议在购买的时候仔细咨询。推荐正规厂家的商品。

【食材搭配的宜与忌】

宜：鸡肉与玉米同食可提高食物的营养价值。鸡肉肉质细嫩，是较好的优质蛋白质食品，玉米中的纤维素含量很高，可以起到互补作用，从而提高食物的营养价值。

忌：鸡肉与菊花相克，同食会中毒。

**温馨提示：**
海苔也可以作为一种零食给宝宝食用，海苔热量很低，纤维含量却很高，是宝宝可以放心食用的美味小食。

## 预防软骨病

# 卤猪肝

**原料:**

猪肝300克，葱、姜片适量，由小茴香、桂皮、陈皮、草果、花椒、八角、丁香等组成的调料包1个。

**做法:**

① 将猪肝反复清洗后用淡盐水浸泡30分钟。

② 锅内放入清水烧沸，加入葱、姜，放入猪肝煮3分钟，撇去浮沫，加入其他调料，小火慢煮20分钟，食时切成片即可。

### 解答妈妈最关心的问题

【提供给宝宝的营养】猪肝有补铁补血的功效，还能帮助宝宝补充维生素A，预防夜盲症、软骨病。

【选购安全食材的要点】选购猪肝时应挑选质软且嫩，手指稍用力，可插入切开处，做熟后味鲜、柔嫩者。

【食材搭配的宜与忌】

宜: 猪肝配菠菜可预防贫血。

忌: 猪肝忌与野鸡肉、麻雀肉和鱼肉一同食用。

**温馨提示:**

猪肝含有多种营养物质，它富含维生素A和微量元素铁、锌、铜，而且鲜嫩可口，但猪肝食用前应先处理。买回猪肝后要在自来水龙头下冲洗一下，然后置于盆内浸泡1-2小时消除残血。注意水要完全浸没猪肝。

## 健胃排毒
# 五色菜

**原料：**

小油菜2棵（约100克），黄豆芽100克，鲜香菇2朵，白萝卜25克，老姜、生抽、盐各5克。

**做法：**

① 小油菜择洗干净。黄豆芽去掉根须，洗干净。白萝卜和老姜分别切成细丝。鲜香菇洗干净，沥干水分，切成丝。

② 大火烧热炒锅中的油至六成热，放入姜丝爆香，放入香菇煸炒1分钟，出香味后放入黄豆芽、小油菜，加入生抽调味。

③ 翻炒1分钟后加入白萝卜丝和盐，翻炒均匀关火。

### 解答妈妈最关心的问题

【提供给宝宝的营养】油菜含有丰富的维生素、钙、铁，建议准妈妈们和宝宝多食用；豆芽含有丰富的维生素E、钙、植物纤维，可促进淀粉的消化，有调整胃口和排毒的作用；香菇含有钙、维生素D、B族维生素和植物纤维，也是天然的排毒佳品；白萝卜含有钾、钙、维生素C、植物纤维，被称做“天然胃药”，有极佳的排毒作用。

【选购安全食材的要点】选购香菇时，要体圆齐正、菌伞肥厚、盖面平滑、质干不碎。手捏菌柄有坚硬感，放开后菌伞随即膨松如故。色泽黄褐，菌伞下面的褶裥要紧密细白，菌柄要短而粗壮，远闻有香气。

【食材搭配的宜与忌】

宜：小油菜宜与豆腐同食，可止咳平喘，增强宝宝免疫力。

忌：小油菜不宜与南瓜同食，会降低油菜的营养价值。

**温馨提示：**

无根豆芽是国家食品卫生管理部门明文禁止销售和食用的蔬菜之一，无根豆芽多数是以激素和化肥催发的，豆芽看起来肥胖鲜嫩，但有一股难闻的化肥味，甚至可能含有激素，千万不要食用。

## 益智排毒
# 木耳金针菇

**原料:**

水发木耳、金针菇、黄瓜各20克，鸡蛋1个，橄榄油少许，盐微量。

**做法:**

① 将木耳、金针菇择洗干净备用，用沸水焯一下捞出沥干水分，洗干净的黄瓜切细丝备用。

② 鸡蛋打散，下热油锅中摊成鸡蛋饼后铲出切成细丝。

③ 锅烧热倒油，放入木耳、金针菇、黄瓜翻炒至熟透，最后加入切好的鸡蛋丝，放盐调味即可。

### 解答妈妈最关心的问题

**【提供给宝宝的营养】**木耳含有丰富的钙、铁等元素及胶质，经常食用可以有效地帮助宝宝清除体内的铅以及其他的有害物质；金针菇中赖氨酸和精氨酸等氨基酸含量十分丰富，锌的含量也很丰富，锌是一种对宝宝智力和身高发育有促进作用的微量元素。

**【选购安全食材的要点】**优质木耳表面黑而光润，有一面呈灰色，手摸上去感觉干燥，无颗粒感，嘴尝无异味，片大均匀，耳瓣舒展，体轻干燥，半透明，胀性好，无杂质，有清香气味。

**【食材搭配的宜与忌】**

**宜:** 金针菇宜与西蓝花同食，可增强肝脏解毒能力、提高机体免疫力。

**忌:** 金针菇忌与牛奶同食。

**温馨提示:**

禁食不熟金针菇。未熟透的金针菇中含有秋水仙碱，人食用后容易因氧化而产生有毒的二秋水仙碱，它对胃肠黏膜和呼吸道黏膜有强烈的刺激作用。一般在食用30分钟至4小时内，会出现咽干、恶心、呕吐、腹痛、腹泻等症状，如果大量食用还可能会引起发热、水电解质平衡紊乱、便血、尿血等严重症状。

## 补血壮骨
# 猪血豆腐汤

**原料：**

猪血、豆腐各1块，青菜1小把，虾皮、盐适量。

**做法：**

① 将猪血和豆腐洗干净切成小块，青菜洗干净切碎。

② 给锅内放入适量的水，水开后，先加入少量的虾皮、盐，再加入豆腐、青菜、猪血。煮3分钟，放入盐即可。

### 解答妈妈最关心的问题

【提供给宝宝的营养】猪血是补铁的优秀食品，具有含铁丰富、易吸收，价廉物美等优点。虾皮含有大量的钙、磷，是宝宝较好的补钙食品。

【选购安全食材的要点】选购猪血时应挑选颜色暗红，表面或断面都很粗糙且有层次感；因为猪血里面富含氧气，凝结时会有气泡冒出，形成猪血块里的气泡，买猪血时可根据颜色、有无气泡等特点来区分。

【食材搭配的宜与忌】

宜：猪血菠菜汤可缓解便秘。

忌：猪血不宜与黄豆同吃，可能会引起消化不良。

**温馨提示：**
买回来的猪血已经是熟的了，但是用之前要在开水里烫一下，能去除猪血特有的味道。

## 健胃润肠

# 浇汁莲藕

**原料:**

莲藕1节(约200克)，枸杞子10粒，牛奶15毫升，芝麻酱15克，蜂蜜10毫升，白砂糖5克，橄榄油5毫升，盐3克。

**做法:**

① 莲藕洗干净，刮去表皮，切成薄片。枸杞子用温水泡发。大火烧开煮锅中的水，放入切好的藕片，汆烫1分钟，捞出，放入加盐的冷水中浸泡。

② 将牛奶、芝麻酱、蜂蜜、白砂糖、橄榄油混合，搅打成酱汁。

③ 将莲藕片从冷水捞出，沥去水分，放入盘中，淋上调好的酱汁，撒上泡发的枸杞子即可。

### 解答妈妈最关心的问题

**【提供给宝宝的营养】**莲藕富含维生素C、植物纤维、维生素$B_1$、维生素$B_{12}$、维生素E、铁、钙。维生素C有预防感冒的作用；植物纤维可以保护胃黏膜，并改善便秘；“藕断丝连”的特殊成分有消炎止血作用。

**【选购安全食材的要点】**选购莲藕时应选择藕节短、藕身粗的，从藕尖数起第二节藕最好。食用莲藕要挑选外皮呈黄褐色、肉肥厚而白的。另外，挑选莲藕还要注意选藕节完好、藕身无破损的，以免藕孔存泥而不好清洗。

**【食材搭配的宜与忌】**

**宜:** 莲藕宜与章鱼、红枣同食，补而不燥、润而不腻、香浓可口，具有补中益气、养血健骨、滋润肌肤的功效。

**温馨提示:**

没切过的莲藕可在室温中放置一周的时间，但因莲藕容易变黑，切面孔的部分容易腐烂，所以切过的莲藕要在切口处覆以保鲜膜，则可冷藏保鲜一周左右。

## 增强记忆力
# 芝麻核桃仁

**原料：**

核桃仁、熟芝麻、白糖适量。

**做法：**

①将油入锅烧热，倒入核桃仁，中火将白色的桃仁肉炒至泛黄，捞出控油。

②去掉锅内的油，倒入2勺开水，放入白糖，搅至溶化。

③再倒入核桃不断翻炒至糖浆变成焦黄，全部裹在核桃上，再撒入芝麻，翻炒片刻即可。

### 解答妈妈最关心的问题

**【提供给宝宝的营养】**核桃仁中含有较多的蛋白质及人体营养必需的不饱和脂肪酸，这些成分皆为大脑组织细胞代谢的重要物质，能滋养脑细胞；黑芝麻富含油酸、卵磷脂、维生素E、叶酸、蛋白质、钙等多种营养物质，是宝宝健脑必备的食物。

**【选购安全食材的要点】**挑选核桃时应以取仁观察为主。选择果仁丰满，仁衣色泽黄白，仁肉白净新鲜的核桃。

**【食材搭配的宜与忌】**

**忌：**核桃不能与野鸡肉一起食用。

**温馨提示：**
需要注意的是，核桃仁的食用量要适宜，不宜一次性给宝宝吃得过多，否则可能会生痰、恶心。

## 清热解毒
# 香菇丝瓜汤

**原料:**

丝瓜、香菇、葱、姜适量。

**做法:**

① 丝瓜洗干净刨皮切成片，香菇泡软后切成细丝；葱、姜切细末。

② 油锅烧热后将香菇炒一下，加清水煮沸后，加入丝瓜和调料煮熟即可。

### 解答妈妈最关心的问题

【提供给宝宝的营养】丝瓜清热消暑，香菇解毒，不仅汤鲜味美，清凉消暑，还能提高宝宝的抵抗力。

【选购安全食材的要点】购丝瓜应挑选鲜嫩、结实、光亮、皮色为嫩绿或淡绿色、果肉顶端比较饱满、无臃肿感的。

【食材搭配的宜与忌】

宜：香菇宜与木瓜同食。

**温馨提示:**

丝瓜汁水丰富，宜现切现做，以免营养成分随汁水流走。丝瓜的味道清甜，烹煮时不宜加酱油和豆瓣酱等口味较重的酱料，以免抢味。

## 止咳化痰
# 汁浇樱桃小萝卜

**原料：**

樱桃小萝卜200克，白砂糖15毫升，白醋50毫升，盐5克。

**做法：**

① 将樱桃小萝卜洗干净，切去根和叶，改刀切成蓑衣萝卜球。切好的樱桃小萝卜用盐腌制6分钟左右。将白醋和白砂糖混合调匀成糖醋汁。

② 将腌好的樱桃小萝卜用清水冲洗去盐分，挤干水分，盛入盘中。

③ 将糖醋汁浇在樱桃小萝卜上，腌制入味即可。

### 解答妈妈最关心的问题

【提供给宝宝的营养】樱桃萝卜含水分较高，并含各种矿物质、微量元素和维生素，其中的维生素C含量更是西红柿的3~4倍，还含有较高的芥子油、木质素等多种成分。就功效而言，樱桃萝卜有健胃消食、止咳化痰、除燥生津、解毒散瘀、止泻利尿等功效。

【选购安全食材的要点】新鲜蔬菜不是颜色越鲜艳越好，购买樱桃萝卜时，要检查是否有掉色现象。

【食材搭配的宜与忌】

忌：樱桃萝卜不宜与人参同食，否则会降低人参的补益功效；也不宜与水果同食，否则会诱发甲状腺肿大。

**温馨提示：**
萝卜上带有叶子的，应将叶子去掉，否则根中的水分会通过叶子蒸发掉，从而使其口感变差。

## 补充蛋白质
# 虾仁青豆饭

**原料:**

虾仁100克，青豆、胡萝卜、山药、大米各50克，盐适量。

**做法:**

① 虾仁去肠泥，用清水洗净，放入盘中，加入盐腌渍15分钟；青豆洗净，在沸水锅中煮5分钟左右；胡萝卜、山药洗净，切丁；大米洗净，放入清水中浸泡1小时。

② 大米放入电饭煲中，加入适量清水，虾仁、青豆、胡萝卜、山药放在大米上面，按下开关，焖20分钟左右，开关跳过后，再焖10分钟左右即可。

### 解答妈妈最关心的问题

【提供给宝宝的营养】虾营养丰富，所含蛋白质是鱼、蛋、奶的几倍到几十倍；还含有丰富的钾、碘、镁、磷等矿物质及维生素A、氨茶碱等成分，且其肉质松软，易消化；虾中富含磷、钙，对小儿尤有补益功效。

【选购安全食材的要点】选购虾仁时必须选用新鲜、无毒、无污染、无腐烂变质、无杂质的虾仁。

【食材搭配的宜与忌】

宜：豆腐宜与虾同食。豆腐和虾都含有丰富的钙质，同食有利于宝宝吸收和利用，能帮助宝宝骨骼、牙齿健康生长。

忌：虾忌与如葡萄、石榴、山楂、柿子等含有鞣酸的水果同食。

**温馨提示:**
部分宝宝对虾过敏，所以第一次吃虾还是要单独地少量给予，然后观察宝宝是否有过敏反应。如果没有，妈妈就可以放心地将鲜虾入馔，给宝宝更多的美味和营养。

## 补充维生素
# 什锦鸡丁

**原料：**

鸡肉50克、茄子30克、香菇20克、红黄绿甜椒各少许、姜葱末各少许、水淀粉少许、盐微量、橄榄油少许。

**做法：**

① 将各种蔬菜洗净切小粒，入沸水焯一下。鸡肉洗净切丁，用水淀粉抓匀。

② 热锅放油，爆香葱姜末，下鸡丁炒至肉变白散开后，放入各种蔬菜翻炒，淋少许清水将蔬菜煮软，最后撒盐调味即可。

### 解答妈妈最关心的问题

【提供给宝宝的营养】这可是一道富含维生素C和维生素E的大菜哦，味道鲜美，颜色丰富多彩，可以吸引宝宝多吃一些饭。

【选购安全食材的要点】选购香菇时，要体圆齐正、菌伞肥厚、盖面平滑、质干不碎。手捏菌柄有坚硬感，放开后菌伞随即膨松如故。色泽黄褐，菌伞下面的褶裥要紧密细白，菌柄要短而粗壮，远闻有香气。

【食材搭配的宜与忌】

宜：香菇宜与木瓜同食。

忌：鸡肉与菊花相克。

**温馨提示：**

做茄子时不宜用大火油炸，而应当降低烹调温度，减少吸油量，以有效地保持茄子的营养保健价值。

## 健脑益智

# 丝瓜粥

**原料：**

丝瓜50克，大米40克，虾皮适量。

**做法：**

① 丝瓜洗净，切成小块；大米洗好，用水浸泡30分钟，备用。

② 大米倒入锅中，加水煮成粥，将熟时，加入丝瓜块和虾皮同煮，烧沸入味即可。

### 解答妈妈最关心的问题

【提供给宝宝的营养】丝瓜营养丰富，有很强的抗过敏作用。丝瓜中的维生素C、B族维生素的含量较高，可以帮助宝宝大脑的健康发育。

【选购安全食材的要点】购丝瓜应挑选鲜嫩、结实、光亮、皮色为嫩绿或淡绿色、果肉顶端比较饱满、无臃肿感的。

【食材搭配的宜与忌】

忌：丝瓜不宜与鱼类同食。丝瓜中含有较多的维生素$B_1$，而鱼类一般含有维生素$B_1$分解酶，会对丝瓜中的维生素$B_1$起到破坏作用。

丝瓜不宜与竹笋同食。丝瓜中含有丰富的类胡萝卜素，如遇到竹笋中的生物活性物质，会降低人体对类胡萝卜素的吸收和利用。

**温馨提示：**

丝瓜汁水丰富，宜现切现做，以避免营养成分随汁水流走。丝瓜的味道清甜，烹煮时不宜加酱油和豆瓣酱等口味较重的酱料，以免抢味。

## 补益气血

# 蔬菜牛肉卷

**原料：**

菠菜、牛里脊各100克，虾皮15克，春卷皮适量，姜末少许，盐少许，橄榄油适量，柠檬汁，蜂蜜各少许。

**温馨提示：**

菠菜除了丰富的微量元素外，还含有一种叫草酸的物质，它会和食物中的钙结合形成草酸钙，影响宝宝对食物中钙质的吸收；另外，需要注意的是，在做菠菜等草酸含量较高的蔬菜前，先将蔬菜焯水，将绝大部分草酸去除，然后再烹饪，就可以放心食用了。

**做法：**

① 将菠菜洗净，入沸水焯一下，挤干水分切末备用。虾皮洗净，切碎。

② 牛里脊洗净剁成肉馅，与菠菜、虾皮、盐、姜末拌匀做馅。

③ 取适量肉馅包入春卷皮中，制成春卷。蜂蜜中挤入适量的柠檬汁，拌匀，制成柠檬蜂蜜汁。

④ 锅烧热放适量油，将春卷放入以中小火炸至表面呈现金黄色捞出，用厨房纸吸去多余油分，吃时蘸柠檬蜂蜜汁即可。

### 解答妈妈最关心的问题

【提供给宝宝的营养】菠菜和牛肉中都含有丰富的铁，另外，柠檬汁中含有丰富的维生素C，可以有效地帮助铁质被人体吸收。

【选购安全食材的要点】菠菜宜选择叶子较厚，叶片舒张，且叶面宽，叶柄短的。

【食材搭配的宜与忌】

宜：菠菜宜与蛋黄同食，营养丰富，婴儿食用既可促进大脑发育，又可满足对铁质的需要。

忌：菠菜不宜与黄瓜同食。黄瓜含有维生素C、分解酶，而菠菜含有丰富的维生素C，二者同食会影响宝宝对维生素C的吸收。

## 强筋壮骨
# 鸡肉海带汤

**原料:**

鸡胸肉100克，鲜海带结10克，鲜贝2只，小油菜2棵，胡萝卜30克，鲜香菇2只，姜丝、洋葱、盐、酱油、香醋各适量。

**做法:**

① 鲜海带结和鲜贝清洗干净。鲜香菇去蒂洗净。胡萝卜切成滚刀块。小油菜洗净根部泥沙。洋葱切成小丁。鸡胸肉洗净后切成丁。

② 炒锅中的油烧至七成热，放入切好的洋葱丁和姜丝，翻炒出香味后，放入切好的鸡胸肉块，同时调入1汤匙冷开水，翻炒3分钟。

③ 加入备好的海带结、鲜贝、香菇、胡萝卜块，调入酱油，翻炒2分钟，加入冷水适量，大火烧开，将锅中的浮沫撇去。

④ 大火煮25分钟后，放入小油菜略煮，同时加入盐、香醋调味即可。

### 解答妈妈最关心的问题

【提供给宝宝的营养】鸡肉蛋白质含量较高，且易被人体吸收并利用，有增强体力，强壮身体的作用，所含磷脂类对人体生长发育有重要作用，是膳食结构中脂肪和磷脂的重要来源之一。同时鸡肉有益五脏，补虚健胃，强筋壮骨，活血通络等作用；海带的营养价值也很高，富含蛋白质、脂肪、碳水化合物、膳食纤维、钙、磷、铁、胡萝卜素、维生素$B_1$、维生素$B_2$、烟酸以及碘等多种对生长有利的微量元素。

【选购安全食材的要点】选购海带时应挑选质厚实、形状宽长、色浓黑褐或深绿、边缘无碎裂或黄化现象的优质海带。

【食材搭配的宜与忌】

宜: 海带与冬瓜同食有清凉解暑的功效。

忌: 吃海带后不要马上喝茶（茶含鞣酸）、也不要立刻吃酸涩的水果（酸涩水果含植物酸）。因为海带中含有丰富的铁，以上两种食物都会阻碍机体对铁的吸收。

**温馨提示:**
海带是一种味道可口的食品，既可凉拌，又可做汤。但食用前，应当先洗净之后，再浸泡，然后将浸泡的水和海带一起下锅做汤食用。这样可避免溶于水中的甘露醇和某些维生素被丢弃不用，从而保留了海带中的营养成分。

## 补充微量元素

# 清水煮豆腐

**原料：**

嫩豆腐1块，葱、盐、香油、水淀粉各适量。

**做法：**

① 豆腐洗净，切成小方丁，用清水浸泡半小时，捞出沥水；葱洗净，切成葱花。

② 锅置火上，加入清水、豆腐丁，大火煮沸后，用水淀粉勾薄芡，加入盐、葱花、香油调味即可。

### 解答妈妈最关心的问题

**【提供给宝宝的营养】**豆腐营养丰富，含有蛋白质、铁、钙、磷、镁等人体必需的多种微量元素，此菜鲜嫩可口，适宜宝宝多吃。

**【选购安全食材的要点】**盒装豆腐要选择新鲜、优质的。优质豆腐呈均匀的乳白色或淡黄色，稍有光泽。块形完整，软硬适度，富有一定的弹性，质地细嫩，结构均匀，无杂质，并具有豆腐特有的香味。

**【食材搭配的宜与忌】**

**宜：**豆腐所含蛋白质缺乏甲硫氨酸和赖氨酸，鱼缺乏苯丙氨酸，豆腐和鱼一起吃，蛋白质的组成更合理，营养价值更高。

**忌：**豆腐最好不要和菠菜一起煮。

**温馨提示：**
豆腐食用不可过量，否则会引起蛋白质消化不良，导致腹胀、腹泻等不适。

## 健脾益胃

# 玉米排骨汤

**温馨提示：**
将排骨剁成小块，在沸水中焯一下，沥干水分加少许料酒拌匀，装入保鲜袋冷冻保藏，可一个月不坏。

**原料：**

西红柿1个，玉米1根，小排骨150克，盐适量。

**做法：**

① 玉米切成小段，西红柿切块，备用。小排骨用沸水煮一下捞出，用冷水将小排骨冲干净，再放入开水中用小火煮20分钟。

② 放入切成小段的玉米，与排骨同煮20分钟。

③ 最后，放入切好块的西红柿，再慢慢加热10分钟至西红柿变软。加入盐调味后离火，稍稍放凉后即可食用。

### 解答妈妈最关心的问题

**【提供给宝宝的营养】** 玉米排骨汤，原材料有玉米和排骨。玉米是营养价值极高的食物，有健脾益胃的作用。玉米与排骨一同食用，既能开胃益脾又可润肺养心。在秋冬季节，用骨头汤或排骨煨汤食用，有良好的滋补功效。

**【选购安全食材的要点】** 购买生玉米时，以外皮鲜绿、果粒饱满的玉米为佳。妈妈们可以挑选七八成熟的。太嫩，水分太多；太老，其中的淀粉多而蛋白质少，口味也欠佳。

**【食材搭配的宜与忌】**

**宜：** 鸡肉和玉米搭配可提高食物的营养价值。鸡肉肉质细嫩，是较好的优质蛋白质食品，玉米中的纤维素含量很高，两者搭配可以起到互补作用，从而提高食物的营养价值。

**忌：** 玉米受潮霉坏会产生黄曲霉素，忌食用。

## 补血安神
# 小米芹菜粥

**原料：**

小米50克，芹菜30克。

**做法：**

① 小米淘洗干净后，加水熬成粥。

② 芹菜洗净，切成细碎的末，在粥滚开时放入，熬20分钟左右即可。

### 解答妈妈最关心的问题

【提供给宝宝的营养】小米中含有丰富的B族维生素，虽然脂肪含量较高，但大多为不饱和脂肪酸，而B族维生素及不饱和脂肪酸都是生长发育必需的营养。特别是不饱和脂肪酸，对宝贝的大脑发育大有益处。芹菜是常用蔬菜之一，含有丰富的铁、锌等微量元素，有平肝降压、安神镇静、抗癌防癌、利尿消肿、增进食欲的作用。

【选购安全食材的要点】选购芹菜应挑选梗短而粗壮，菜叶翠绿而稀少者，色泽要鲜绿，叶柄应是厚的，茎部稍呈圆形，内侧微向内凹，则这种芹菜品质是上好的，可以放心购买。

【食材搭配的宜与忌】

忌：芹菜与兔肉同食会导致脱发。芹菜与黄瓜同食会破坏维生素C，降低其营养价值。

**温馨提示：**

吃芹菜的时候可以把芹菜叶也一同食用。其实芹菜叶比茎的营养要高出很多倍，芹菜叶中含有蛋白质、脂肪、碳水化合物、粗纤维、钙、磷、铁等多种营养物质。

## 强健脾胃

# 山药薏仁粥

**原料:**

山药、薏仁各30克，冰糖适量。

**做法:**

① 山药、薏仁洗净，浸泡2小时，放入搅拌机搅成粉浆。

② 将粉浆倒入砂锅中煮粥，熟后，加冰糖调味。

### 解答妈妈最关心的问题

【提供给宝宝的营养】山药薏米粥有补气血、健脾胃的功效；脾胃为后天之本，气血生化之源。所以把宝宝的脾胃调养好宝宝才能健健康康的。

【选购安全食材的要点】选购山药时，大小相同的山药，较重的更好。其次看须毛，同一品种的山药，须毛越多的越好。须毛越多的山药口感更面，含糖更多，营养也更好。最后再看横切面，山药的横切面肉质应呈雪白色，这说明是新鲜的。

【食材搭配的宜与忌】

忌：黄瓜、南瓜、胡萝卜、笋瓜中皆含维生素C分解酶，若与山药同食，维生素C则会被分解破坏。

**温馨提示:**

山药切丁后需立即浸泡在盐水中，以防止氧化发黑。新鲜山药切开时会有黏液，极易滑刀伤手，可以先用清水加少许醋清洗，这样可减少黏液。

## 补充钙质
# 排骨冬瓜汤

**原料：**

排骨200克，冬瓜250克，葱段、姜片、盐、香油各适量。

**做法：**

① 排骨斩成小段，焯水洗净；冬瓜削皮去瓤，切块。

② 锅内放清水，放入排骨、葱段、姜片，用中火炖至九成熟时，放入冬瓜、盐，继续炖至排骨软烂，淋香油，出锅。

**解答妈妈最关心的问题**

【提供给宝宝的营养】猪排骨除含蛋白质、脂肪、维生素外，还含有大量磷酸钙、骨胶原、骨粘蛋白等，可为幼儿提供钙质。冬瓜是营养价值很高的蔬菜。营养学家研究发现，每百克冬瓜含蛋白质0.4克、碳类1.9克、钙19毫克、磷12毫克、铁0.2毫克及多种维生素，特别是维生素C含量丰富。

【选购安全食材的要点】挑选冬瓜的时候主要看冬瓜的品质。除早采的嫩瓜要求鲜嫩以外，一般晚采的老冬瓜则要求：发育充分，老熟，肉质结实，肉厚，心室小；皮色青绿，带白霜，形状端正，表皮无斑点和外伤，皮不软、不腐烂。

【食材搭配的宜与忌】

宜：冬瓜和鸡肉一同煮食，有清热消肿的功效。

忌：烹饪冬瓜的时候不要加醋，加入醋会降低冬瓜的营养价值。

**温馨提示：**
冬瓜有良好的清热解暑功效，夏季多吃些冬瓜可解渴、消暑、利尿。

## 养肝明目
# 鸡肝蒸肉饼

**原料:**

猪里脊肉30克，鸡肝1只，嫩豆腐1/3块，鸡蛋1个，生抽、盐、白糖、淀粉各适量。

**做法:**

① 豆腐放入开水中煮2分钟，捞起沥干水，压成蓉；鸡肝、猪里脊肉洗净，抹干水剁细。

② 猪里脊肉、鸡肝、豆腐同盛大碗内，加入鸡蛋清拌匀，加入调味剂拌匀，放在碟上，做成圆饼形，蒸7分钟至熟。

### 解答妈妈最关心的问题

**【提供给宝宝的营养】**鸡肝含有丰富的蛋白质、钙、磷、铁、锌、维生素A、B族维生素。肝中铁质丰富，是补血食品中最常用的食物。动物肝中维生素A的含量远远超过奶、蛋、肉、鱼等食品，具有维持正常生长的作用，能保护眼睛，维持正常视力，防止眼睛干涩、疲劳。

**【选购安全食材的要点】**选购鸡肝首先要闻气味，新鲜的是扑鼻的肉香，变质的会有腥臭等异味；其次看外形，新鲜的充满弹性，陈的失去水分、边角干燥；然后看颜色，健康的熟鸡肝有淡红色、土黄色或灰色。

**【食材搭配的宜与忌】**

**宜:** 鸡肝与小白菜同食，味道鲜美，又可以充分补充宝宝的各种营养成分。

**忌:** 鸡肝不宜与维生素C、抗凝血药物、左旋多巴、优降灵和苯乙肼等药物同食。

**温馨提示:**
用不完的鸡肝可以用保鲜盒装好，放入冰箱冷冻室速冻，留待下一次使用。

## 消食开胃
# 肉泥洋葱饼

**原料：**

肉泥20克，面粉50克，洋葱末10克，盐、葱末各适量。

**做法：**

① 将肉泥、洋葱末、面粉、盐、葱末，加水后拌成稀糊状。

② 油锅烧热，将一大勺肉糊倒入锅内，慢慢转动，制成小饼，将两面煎熟透即可。

### 解答妈妈最关心的问题

**【提供给宝宝的营养】**洋葱营养丰富，能刺激胃、肠及消化腺分泌，增进食欲，促进消化，且洋葱不含脂肪，其精油中含有可降低胆固醇的含硫化合物的混合物，可用于治疗消化不良、食欲不振、食积内停等症。

**【选购安全食材的要点】**选购洋葱时以葱头肥大，外皮光泽，不烂，无机械伤和泥土，鲜葱头不带叶为佳。另外，洋葱表皮越干越好，包卷度愈紧密愈好；从外表看，最好可以看出透明表皮中带有茶色的纹理。

**【食材搭配的宜与忌】**

**宜：**洋葱宜与牛肉同食。洋葱可提高牛肉中维生素$B_1$的吸收率。

**温馨提示：**

洋葱所含香辣味对眼睛有刺激作用，患有眼疾、眼部充血时，不宜切洋葱。

## 补充钙质
# 豆腐蒸鲜贝

**原料：**

鲜贝6个，嫩豆腐2块，油菜心3朵，姜丝、蚝油、白砂糖各适量。

**做法：**

① 将鲜贝剖开，取出贝肉洗净待用。油菜心清洗干净，放入开水中焯熟待用。

② 豆腐切成块，放入碟中，上面放上鲜贝肉及姜丝，将盘子移入蒸锅，大火蒸5分钟。

③ 取出盘子，将焯好的菜心码放在盘边。

④ 将蚝油倒入炒锅中，加入白砂糖，大火烧滚成味汁，淋在盘中的鲜贝豆腐上即可。

### 解答妈妈最关心的问题

**【提供给宝宝的营养】**贝类肉质鲜甜，豆腐含丰富蛋白质及钙质，是高蛋白质、高矿物质、低脂肪的营养食品。

**【选购安全食材的要点】**优质豆腐呈均匀的乳白色或淡黄色，稍有光泽。块形完整，软硬适度，富有一定的弹性，质地细嫩，结构均匀，无杂质，并具有豆腐特有的香味。

**【食材搭配的宜与忌】**

**宜：**豆腐宜与鲜贝同食。味道鲜美，营养价值也高。

**忌：**鲜贝忌与狗肉、鸡肉、南瓜同食。

**温馨提示：**
贝类本身极富鲜味，烹制时千万不要再加味精，也不宜多放盐，以免鲜味反失，贝类中的泥肠不宜食用。

## 增强免疫力

# 香菇白菜

**原料：**

白菜100克，香菇3朵，盐适量。

**做法：**

① 白菜洗净，切成片；香菇去蒂洗净，切碎。

② 锅中油烧热后，放白菜炒至半熟，加入香菇、盐和适量的水，小火煮烂即可。

### 解答妈妈最关心的问题

【提供给宝宝的营养】香菇含有高蛋白、低脂肪、多糖、多种氨基酸和多种维生素；香菇中有一种一般蔬菜缺乏的麦甾醇，它可转化为维生素D，促进体内对钙的吸收，并可增强人体抵抗疾病的能力。大白菜具有较高的营养价值，含有丰富的多种维生素和矿物质，特别是维生素C和钙、膳食纤维的含量非常丰富。

【选购安全食材的要点】选购香菇时，要体圆齐正、菌伞肥厚、盖面平滑、质干不碎。手捏菌柄有坚硬感，放开后菌伞随即膨松如故。色泽黄褐，菌伞下面的褶裥要紧密细白，菌柄要短而粗壮，远闻有香气。

【食材搭配的宜与忌】

宜：香菇宜与木瓜同食，木瓜中含有木瓜蛋白酶和脂肪酶，与香菇同食具有降压减脂的作用；香菇与豆腐同食可健脾养胃，增加食欲；香菇与薏米同食，营养丰富，可化痰理气。

忌：宝宝有腹泻症状的时候忌食大白菜。

**温馨提示：**
本品中的香菇，患有顽固性皮肤瘙痒症的宝宝忌食。

## 补钙佳品
# 糖醋排骨

**原料:**

排骨200克，白糖、醋、葱末、姜末、盐各适量。

**做法:**

① 将排骨切成段，放入盘内，加葱末、姜末、盐腌30分钟至入味。

② 锅置火上，加油烧热，放入腌好的排骨炸至微黄，捞出控油。

③ 锅置火上，加入适量清水和白糖、醋，下入排骨，收汁至快干时加盐调味即可。

### 解答妈妈最关心的问题

【提供给宝宝的营养】排骨除含蛋白质、脂肪、维生素外，还含有大量磷酸钙、骨胶原、骨粘蛋白等营养物质。排骨炖煮后，其可溶性的钙、磷、钠、钾等，大部分溢入汤中。钙、镁在酸性条件下易被解析，遇醋酸后产生醋酸钙，可以更好地被人体吸收利用，因而糖醋排骨可以提高钙的营养吸收率，非常适合给宝宝补钙。

【选购安全食材的要点】排骨的选料上，要选肥瘦相间的排骨，不能选全部是瘦肉的，否则肉中没有油分。

【食材搭配的宜与忌】

宜：排骨与玉米同食不但能增加营养，还能去油腻。排骨宜与海带同食。排骨中含有大量的钙，而海带中含有丰富的碘，两者同食可为人体提供丰富的营养物质。

**温馨提示:**

排骨在烹调前不要用热水清洗，否则会将排骨中的肌溶蛋白溶解。

健脾暖胃

# 清蒸带鱼

**原料：**

带鱼1条，盐、葱花、姜片各适量。

**做法：**

① 把带鱼洗净，刮去白鳞，收拾干净，用盐腌一下。

② 再放上葱花、姜片，淋上熟植物油，然后放入锅内蒸20分钟即可。

## 解答妈妈最关心的问题

**【提供给宝宝的营养】**带鱼富含蛋白质、脂肪，并含钙、磷、铁、碘及维生素A、B族维生素等，性温，味甘，暖胃补虚，健脾润肤。

**【选购安全食材的要点】**购买带鱼时，尽量不要买带黄色的带鱼。新鲜带鱼为银灰色，且有光泽；但有些带鱼却在银白光泽上附着一层黄色的物质。这是因为带鱼是一种含脂肪较高的鱼，当保管不好时，鱼体表面脂肪因大量接触空气而加速氧化，氧化的产物就会使鱼体表面变黄色。

**【食材搭配的宜与忌】**

**宜：**鲜带鱼宜与木瓜同食。

**忌：**带鱼忌用牛油、羊油煎炸；不可与甘草、荆芥同食。

**温馨提示：**
做带鱼如果用白酒，祛腥效果会比料酒更好。

## 润肠通便

# 芦笋烧鸡块

**原料:**

鸡脯肉100克，芦笋50克，红甜椒1个，白糖、生抽、姜末、蒜末、盐各适量。

**做法:**

① 鸡脯肉切小块，沸水汆烫，捞出沥干；芦笋去根去皮，切长段，入盐水内煮至断生；红甜椒去蒂去籽，洗净切长条。

② 锅里加油烧热，先炒香姜末、蒜末，再放入鸡块爆炒至表面呈微焦黄色，调入白糖和生抽，炒匀即可。

### 解答妈妈最关心的问题

【提供给宝宝的营养】芦笋的纤维素比较多，可以预防宝宝便秘；鸡肉含有利于宝宝吸收的氨基酸，能提供宝宝成长需要的营养物质。

【选购安全食材的要点】芦笋鳞片抱合紧凑，无收缩，说明较新鲜。将芦笋折断，笋皮无丝状物为新鲜，反之不新鲜。白色茎是坚硬老化的标志，挑选时以基部少带白色茎为好。

【食材搭配的宜与忌】

**宜:** 芦笋宜与猪肉同食。芦笋中的叶酸能促进人体对猪肉中维生素$B_{12}$的吸收；芦笋与白果同食，能清热定喘、缩小便。

**忌:** 芦笋不宜与巴豆同食，否则易引起肠胃不适；芦笋不宜与胡萝卜同食，否则会导致营养素的流失。

**温馨提示:**
芦笋营养丰富，尤其是嫩茎的顶尖部分，各种营养物质含量最为丰富，但芦笋不宜生吃，也不宜长时间存放，存放一周以上最好就不要食用了。

## 增强免疫力
# 鳕鱼菜饼

**原料:**

鳕鱼1条，生菜100克，鸡蛋2个，盐、油各适量。

**做法:**

① 生菜清洗干净，沥去水分，切成碎末。鸡蛋煮熟后，取蛋黄压成泥。

② 鳕鱼清洗干净，切成厚片，撒上盐腌10分钟，摆入烤盘。

③ 烤箱预热170℃，将烤盘放入烤箱中，上下火烘烤10分钟。

④ 中火烧热炒锅中的油，放入生菜末、蛋黄泥，翻炒均匀。

⑤ 将炒好的蛋黄泥盖在烤好的鳕鱼片上即可。

### 解答妈妈最关心的问题

【提供给宝宝的营养】鳕鱼富含蛋白质、维生素A、维生素D、钙、镁、硒等营养素，营养丰富、肉味甘美，吃起来很爽口。

【选购安全食材的要点】挑选鳕鱼时宜选购银鳕鱼，优质的鳕鱼肉的颜色洁白，鱼肉上面没有那种特别粗特别明显的红线，鱼鳞非常密，解冻以后摸鱼皮很光滑，像有一层黏液膜一样。

【食材搭配的宜与忌】

宜：鳕鱼与咖喱同食，可以促进消化，适合体虚者调养身体。

忌：鳕鱼含有丰富的胺类物质，香肠含有亚硝酸盐，两者同食易引起肝硬化和口腔癌。

**温馨提示:**
鳕鱼中品质最好的是银鳕鱼。银鳕鱼的营养价值占所有鱼类之首，在欧洲被称为餐桌上的“营养师”。

## 养血安神
# 莲藕炖鸡

**原料:**

小鸡半只，莲藕30克，盐、葱段、姜片各适量。

**做法:**

① 莲藕洗净切成块，鸡去内脏洗净，然后放入沸水焯一下，捞出洗净。

② 锅内放入水和鸡用大火烧开，撇去浮沫，加入盐、葱段、姜片、莲藕，用中火炖至鸡肉软烂即可。

### 解答妈妈最关心的问题

**【提供给宝宝的营养】**藕的营养价值很高，富含铁、钙等元素，植物蛋白质、维生素以及淀粉含量也很丰富，有明显的补益气血、增强人体免疫力作用。故中医称其“主补中养神，益气力”。

**【选购安全食材的要点】**选购莲藕时应选择藕节短、藕身粗的，从藕尖数起第二节藕最好。食用莲藕要挑选外皮呈黄褐色、肉肥厚而白的。另外，挑选莲藕还要注意选藕节完好、藕身无破损的，以免藕孔存泥而不好清洗。

**【食材搭配的宜与忌】**

**宜:** 莲藕宜与章鱼、红枣同食，补而不燥、润而不腻、香浓可口，具有补中益气、养血健骨、滋润肌肤的功效。

**温馨提示:**
没切过的莲藕可在室温中放置一周的时间，但因莲藕容易变黑，切面孔的部分容易腐烂，所以切过的莲藕要在切口处覆以保鲜膜，则可冷藏保鲜一周左右。

## 平肝清热
# 凉拌嫩芹菜

**原料：**

嫩芹菜300克，五香豆腐干100克，小虾米25克，香油5克，盐3克，味精1克。

**做法：**

① 将芹菜掐去根、叶，洗净沥水；香干用开水烫一下，切细丝；虾米洗净，用沸水泡发透。

② 将芹菜放入开水锅内烫透，捞出后切成2厘米长的段，趁热拌入盐和味精，装入盘内，撒入香干丝和小虾米，淋入香油拌匀即成。

### 解答妈妈最关心的问题

【提供给宝宝的营养】芹菜含挥发油、糖类、维生素C、氨基酸及钙、磷、铁等，尤其钙、磷含量较高，有平肝清热、祛风利湿的功效。小虾米含钙丰富，有强健骨骼的作用。此菜含有丰富的钙、铁、B族维生素、维生素C，有益于幼儿健康发育。

【选购安全食材的要点】选购芹菜应挑选梗短而粗壮，菜叶翠绿而稀少者，色泽要鲜绿，叶柄应厚实，茎部稍呈圆形，内侧微向内凹，则这种芹菜品质是上好的，可以放心购买。

【食材搭配的宜与忌】

宜：芹菜宜与牛肉同食。芹菜清热利尿、降胆固醇、血压，牛肉补脾胃，两者同食能保证营养供应，还能瘦身。芹菜宜与豆干同食，芹菜丰富的纤维素有通便作用，豆干能生津解毒，两者搭配，可排毒清肠，治疗便秘。

忌：芹菜忌与黄豆同食，否则会影响人体对铁质的吸收。

**温馨提示：**
吃芹菜的时候可以把芹菜叶也一同食用。其实芹菜叶比茎的营养要高出很多倍，芹菜中含有蛋白质、脂肪、碳水化合物、粗纤维、钙、磷、铁等多种营养物质。

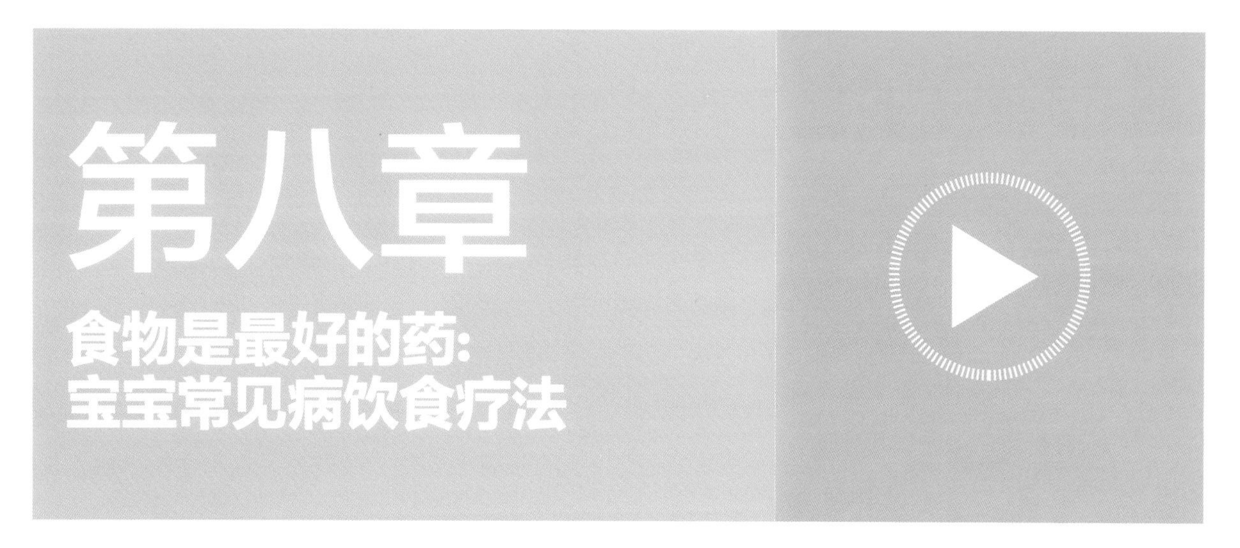


每一个宝宝都是父母的心头肉，
宝宝的每一次生病都会让父母精神紧绷、如临大敌。
不过，宝宝一生病就去打针、吃药可不是父母的聪明选择，
是药三分毒，有时候，吃药的伤害甚至胜过了疾病本身。
所以，当宝宝生病时，能不吃药就不吃，能少吃药就少吃。
不管是选择去医院还是在家护理，
父母都要根据宝宝的疾病特点，配合治疗护理要求，做好宝宝的营养保障。
食物是最好的医药，
当宝宝生病时，聪明的父母会给孩子最合适的食物，
让宝宝增强抵抗力，尽快得到康复。

## 发热

宝宝发热的时候饮食以流质为主，如奶类、米糊、少油的荤汤等。宝宝体温下降，食欲好转时，可改为半流质，如蛋花粥、肉末菜粥、面条或软饭，并配一些易消化的菜肴，如清蒸鱼等。饮食以清淡、易消化为原则，少量多餐。宝宝发热的时候最好给宝宝喝大量的温开水或者清凉的饮料，以帮助宝宝减轻发热的症状。

### 宜食的食物

● **流质或半流质食物。**如牛奶、豆浆、粥、汤、汤面等，可每隔2~3小时给病儿喂食。

● **富含维生素并有利于降热的蔬菜水果。**如白菜、西红柿、萝卜、茄子、黄瓜、冬瓜、藕、绿豆等。

● **有利于治疗发热的其他食物。**如乌鸡、甲鱼、燕窝、鲤鱼、鳝鱼等。这些食物，可以通过适当的烹饪方法，做给宝宝吃。

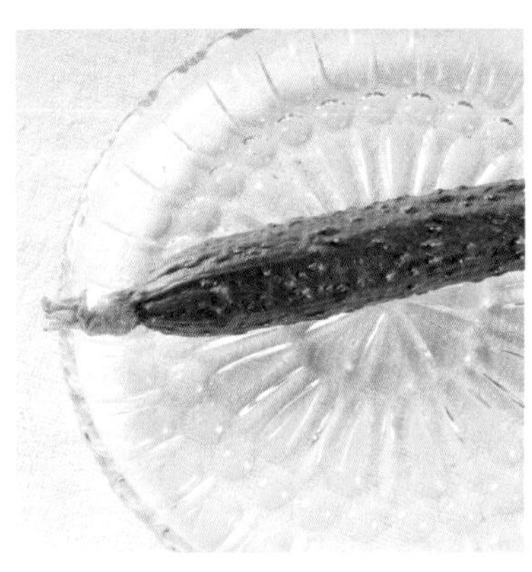

▲ 西红柿、黄瓜、绿豆等食物有利于帮助宝宝降热。

### 忌食的食物

● **海鲜和过咸或油腻的菜肴。**这类食物可能会引起过敏或刺激呼吸道，加重症状。

● **高蛋白的食物，如鸡蛋等。**许多妈妈都觉得鸡蛋是补品，非常富有营养，宝宝生病了，妈妈为了给宝宝补充营养总会给宝宝吃鸡蛋。但是，宝宝发热的时候是不适宜吃鸡蛋的。因为鸡蛋的蛋白质含量高，发热的宝宝吃了鸡蛋，机体内的热量会大大增加。这样反而不利于宝宝散热。

▲ 发热期间应忌食鸡蛋。

**食疗小偏方**

## 荸荠汤

**原料：**

荸荠300克，冰糖适量。

**做法：**

荸荠去皮磨碎，加水1000毫升及适量冰糖，煮熟放温频饮。

**功效：**

止渴、退热，适用于宝宝长期发热。

## 甘蔗汁

**原料：**

甘蔗适量。

**做法：**

将甘蔗去皮，榨汁，代茶饮或加热温服。一日2~3次。

**功效：**

生津、退热。

## 感冒

感冒时饮食宜清淡少油腻，食物以既满足营养需要，能增进食欲，又易消化、少油腻、富含维生素为佳。可喂食白米粥、小米粥、小豆粥，配合甜酱菜、大头菜、榨菜或豆腐乳等小菜，饮食以清淡、爽口为宜。少吃荤腥食物，特别忌服滋补性食品。

### 宜食的食物

● **母乳。**对婴幼儿的喂养最好是用母乳喂养，因为母乳不仅是宝宝体格和智力发育的最佳食品，还具有防止感冒的功效。

● **富含维生素A、维生素C的食物。**缺乏维生素A是易患呼吸道感染疾病的一大诱因，所以宝宝感冒了，家长要多给宝宝喂食富含维生素A的食物。富含维生素A的食物有胡萝卜、苋菜、菠菜、南瓜、红黄色水果、动物肝、奶类等。富含维生素C的食物，如各类蔬菜和水果，可以间接地促进抗体合成、增强身体免疫功能。

● **富含锌的食物。**如果人体内的锌元素充足，就可以抵抗很多病毒。因此补充锌元素很重要。肉类、海产品和家禽含锌最为丰富。此外，各种豆类、硬果类以及各种种子亦是较好的含锌食品。

● **富含铁质的食物。**体内缺乏铁质，可引起T淋巴细胞和B淋巴细胞生成受损，免疫功能降低，难以对抗感冒病毒。所以可选择动物血、奶类、蛋类、菠菜、肉类等食品补铁。

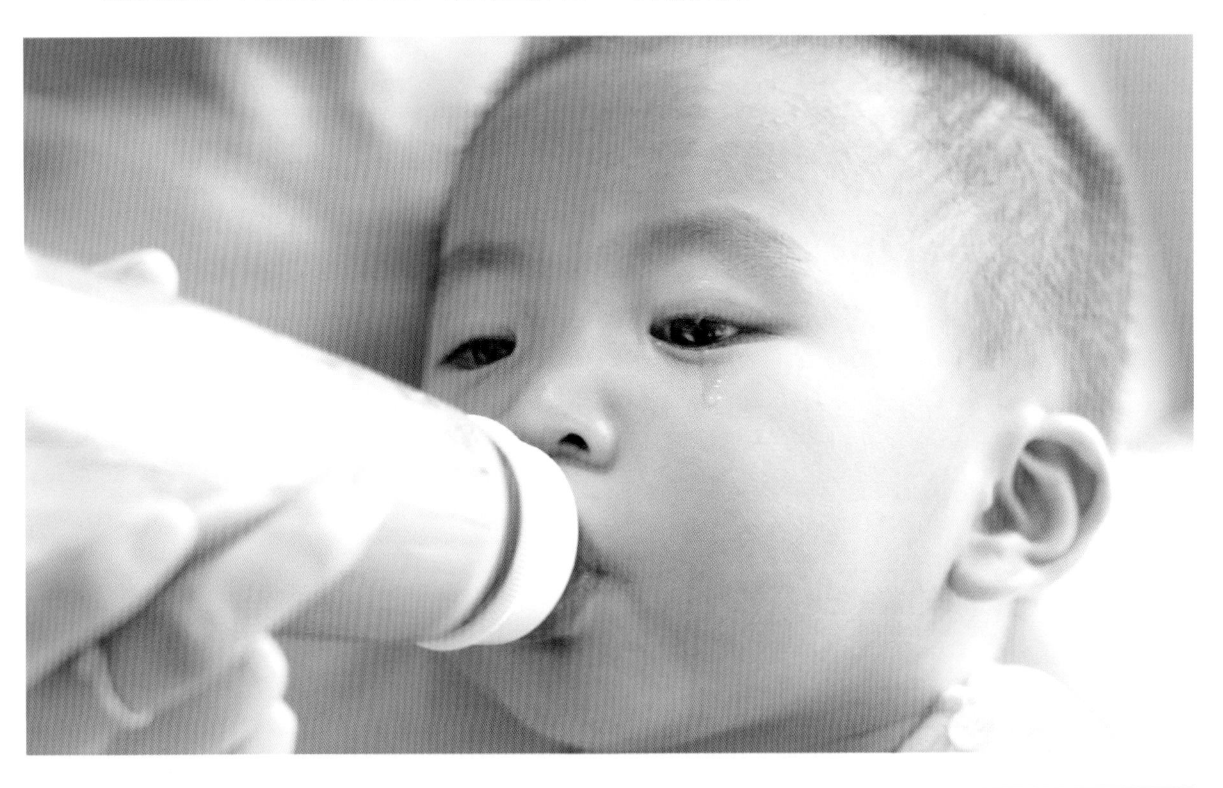

● **有利于防治流感的食物**。生姜、葱白、菊花、豆豉、香菜、大蒜等食物有助于防治小儿流感，可以多给宝宝烹饪喂食。

### 忌食的食物

荤腥食物、滋补性食品。

### 食疗小偏方

## 葱白米粥

**原料:**

葱白15根，大米50克，醋10毫升。

**做法:**

连根葱白洗净和大米同煮成粥，加入醋10毫升，热食取汗，每日3次。

**功效:**

治感冒、头痛、发热，可缓解风寒感冒。

## 绿豆茶汤

**原料:**

绿豆30克，茶叶10克，红糖适量。

**做法:**

绿豆磨碎，茶叶装入布袋，加水一大碗，煎至半碗去茶袋，加适量红糖，温服。

**功效:**

有清热解表之功效。

▲橘子、银耳等食品有助于止咳化痰。

## 咳嗽

宝宝咳嗽时，一定要多给其提供清淡、营养丰富、含水分多的食物。以新鲜蔬菜为主，适当吃豆制品，可食少量瘦肉或禽、蛋类食品。食物烹调以蒸煮为主。

风寒咳嗽的宝宝应吃一些温热、化痰止咳的食品；风热咳嗽的宝宝内热较大，应吃一些清肺、化痰止咳的食物；内伤咳嗽的宝宝则要吃一些调理脾胃、补肾、补肺气的食物。

### 宜食的食物

● **有助于止咳化痰的食物。**如杏子、杏仁、梨、橘子、枇杷、罗汉果、柿子、甘蔗、核桃仁、百合、荸荠、冬瓜子、银杏、白萝卜、无花果、橄榄、银耳、竹笋、海蜇、蜂蜜、冰糖、饴糖、丝瓜、猪肺、鸡蛋等。上述各种食物可以通过适当的烹饪方法做给宝宝吃。

● **多给宝宝喝热饮。**多喝温热的饮料可使咳嗽患儿黏痰变得稀薄，缓解呼吸道黏膜的紧张状态，促进痰液咳出。因此，最好让咳嗽患儿多喝温开水或温的牛奶、米汤等，也可给患儿多喝鲜果汁。果汁应选刺激性较小的苹果汁和梨汁等。

### 忌食的食物

● **多盐多糖类食物。**食物太咸易诱发咳嗽或使咳嗽加重。糖果等甜食多吃会助热生痰，也要少食。

● **冷、酸、辣食物。**冷饮以及辛辣食品，会刺激咽喉部，使咳嗽加重。酸食常敛痰，使痰不易咳出，导致病情加重，使咳嗽难愈。

● **鱼腥虾蟹。**若宝宝对鱼虾食品的蛋白过敏，会引起咳嗽加重。腥味刺激呼吸道也会使宝宝咳嗽加重，所以应忌食鱼腥虾蟹等食物。

● **含油脂多的食物。**花生、瓜子、巧克力等食物含油脂较多，食后易滋生痰液，使咳嗽加重。故不宜食用。油炸食品可加重胃肠负担，且助湿助热，滋生痰液，使咳嗽难以痊愈。

● **补品。**宝宝咳嗽未愈时应停服补品，以免使咳嗽久治不愈。

**食疗小偏方**

## 银耳羹

**原料:**

银耳5克，鸡蛋1个，冰糖60克，猪油适量。

**做法:**

将银耳用温水浸泡约30分钟，待发透后，摘除杂质，洗净并分成片状，然后加适量水煮开，并用文火再煎2小时，待银耳煮烂为止。将冰糖另加水煮化，打入鸡蛋，并兑入清水少许搅匀后，入锅中煮开，并搅拌。将鸡蛋糖汁倒入银耳锅内，起锅时加入少许猪油。

**功效:**

养阴、润肺、止咳。

## 雪梨酿蜂蜜

**原料:**

雪梨1个，蜂蜜适量。

**做法:**

将雪梨洗净，从一端切下一片，挖去梨核，随后放入蜂蜜，盖上削下的梨片，隔水蒸熟，温后食用。

**功效:**

可治小儿感冒咳嗽。

# 腹泻

患病宝宝要注意补充水分和营养；应给宝宝进食无粗纤维、低脂肪的食物，这样可以使肠道减少蠕动，使营养成分更加容易被吸收。总之食物应以软、烂、温、淡为原则。如果宝宝腹泻很严重，医生可以给宝宝静脉补液。

## 宜食的食物

● **母乳**。对于母乳喂养的宝宝，不必停食或减食，宝宝想吃奶就可以喂奶。

● **容易消化的流质食物**。如糖水、米汤、果汁等，

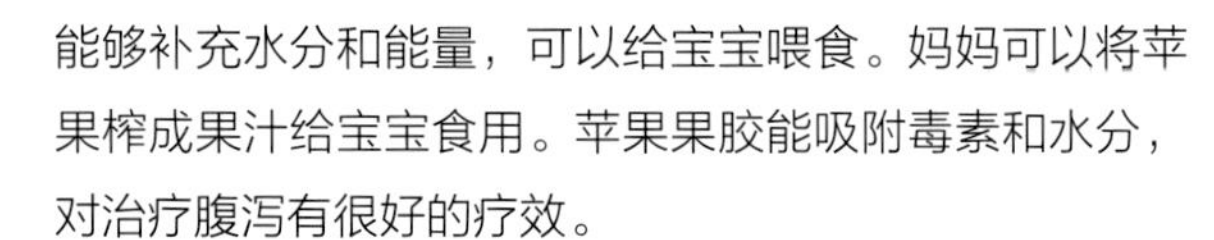

能够补充水分和能量，可以给宝宝喂食。妈妈可以将苹果榨成果汁给宝宝食用。苹果果胶能吸附毒素和水分，对治疗腹泻有很好的疗效。

● **半流质食物**。病情好转后，可以给宝宝喂食少渣、容易消化的半流质食物，如麦片粥、蒸蛋、煮面条等。

宝宝病情好转后，可食用蒸蛋等半流质食物。

## 忌食的食物

● **生冷和刺激类食物**。生冷瓜果、凉拌菜、辣椒、芥末等食物对肠道有刺激，宝宝腹泻时不能吃。

● **可能导致腹胀的食物**。豆类制品、过多的牛奶等都可能会使肠内胀气，会加重腹泻。有些宝宝可能会因为不能消化牛奶中的乳糖而导致腹泻，因此腹泻时可以暂停含乳糖的乳制品，等病好后再慢慢给宝宝食用，直到宝宝渐渐适应。但酸牛奶含有乳酸杆菌，能抑制肠内有害细菌，而且不含乳糖，可以食用。

● **高糖食物**。糖果、巧克力、甜点等含糖量较高，会引起发酵而加重胀气，因此要少吃。

● **高脂食物**。奶油、肥肉、油酥点心属高脂肪类食物，宝宝常因摄入的脂肪未消化而导致滑肠，造成腹泻。

● **难消化的食物及“垃圾食物”**。以油炸、烧烤方式制作的食物很难消化，会造成腹泻。方便面、腌菜、火腿、香肠等“垃圾食物”含有有害成分，肠道会自动排除这些有害物，因此会加重腹泻。

**食疗小偏方**

## 山药粥

**原料：**

山药100克，小米100克。

**做法：**

山药洗净切薄片，小米洗净放锅里，加适量水急火煮开后，换慢火煮成稀粥，分次喂患儿。

**功效：**

健脾胃，补充电解质，收敛肠道，缓解腹泻症状。

## 熟苹果泥

**原料：**

苹果1个。

**做法：**

苹果洗净分为两半，放在锅中隔水蒸烂，喂给宝宝食用。

**功效：**

苹果泥纤维比较细，对于肠道的刺激性较小，其中含有的果胶对肠道有收敛作用。

## 腹痛

宝宝腹痛，则饮食要清淡、易消化，油腻的多渣滓的食物尽量少给宝宝喂食。可以多给宝宝喂食富含优质蛋白质的鱼、瘦肉、蛋类等。腹痛时，还应注意饮食卫生，不吃生冷食物及隔夜食物。

### 宜食的食物

● **母乳**。如果宝宝原先是采用母乳喂养的，那么应该继续用母乳喂养。

● **有益于调养胃肠的食物**。如苹果、山药、莲子、陈仓米、栗子、荔枝、芡实、藕粉、猪肚等。

### 忌食的食物

● **油炸食物**。用炸、爆、煎的方式烹调的食物。

● **不新鲜食物**。生冷食物及隔夜食物。

● **其他食物**。外面饭店的快餐。

**食疗小偏方**

## 胡萝卜汁

**原料:**

生胡萝卜250克。

**做法:**

生胡萝卜捣汁或微炒水煎，少量多次服用。

**功效:**

适用于乳食积滞性腹痛。

## 大蒜汁

**原料:**

大蒜适量。

**做法:**

每次用大蒜2~4克，用300毫升水煎取汁，每日服3次。

**功效:**

可治受风寒引起的腹痛。

▲苹果、香蕉、葡萄等富含各种维生素的水果，可在宝宝呕吐期间食用。

## 呕吐

宝宝呕吐期间，胃肠被搅乱，难以消化食物，如果宝宝不想吃东西，可暂时禁食，让宝宝的胃肠稍稍休息。喂食的时候，宜给宝宝吃一些消食化滞、养阴生津的食物。

### 宜食的食物

● **面糊或烂粥**。因为婴幼儿宝宝的胃肠娇嫩，消化能力弱。宝宝在呕吐后3~4小时内可能会肚子饿，这时最好要给他喂食面糊或烂粥。

● **消食化滞、养阴生津的食物**。如山楂、乌梅、小米、麦粉及大豆、豇豆等杂粮制品。

● **富含蛋白质的食物**。如牛奶、鸡蛋、瘦肉和鱼肉等营养丰富的食物。

● **富含各种维生素的水果蔬菜**。如苹果、甘蔗、香蕉、葡萄、山楂、乌梅、西瓜等。

### 忌食的食物

忌食生冷、冰镇、油腻、黏性强以及煎、炸、烤、熏等不易消化的食物。

忌食辛辣刺激性强的食物。1~2周岁内的宝宝更不能吃辣椒、芥末、干姜、胡椒、羊肉、狗肉等辛辣食物。

**食疗小偏方**

## 小米糊

**原料:**

小米锅巴适量。

**做法:**

小米锅巴研成细末适量，红糖适量，冲水。每次服10克，红糖水送下，每日1次，连服7日。

**功效:**

防治呕吐。

## 胡萝卜热汁

**原料:**

胡萝卜1个。

**做法:**

将胡萝卜洗净，切成碎块，捣烂，榨汁，隔水炖熟。每次15毫升，每日数次。

**功效:**

顺气消食，防治呕吐。

## 止吐姜汤

**原料:**

姜3片，陈皮5克，冰糖少许。

**做法:**

将陈皮和姜片放入小锅内，加适量水，煮5分钟，倒入杯中，放入冰糖即可。

**功效:**

生姜有止吐作用，能够有效防治宝宝继续呕吐的症状。

## 便秘

治疗宝宝便秘最为关键的是调理好宝宝的饮食。要给宝宝多喝水，保证宝宝每顿都有蔬菜、水果吃，也可在两餐中间喂些开水或果汁。

### 宜食的食物

● **富含纤维素的蔬菜和水果。**最好保证宝宝每餐都有蔬菜和水果吃，也可以在两餐之间给宝宝喂果汁，以补充纤维素。除了蔬菜和水果，木耳、菇类、燕麦片、海苔、海带、果干等，也都含有丰富的纤维素和矿物质，可以选用。

● **含果肉的果汁。**因为含果肉的果汁维生素很丰富，可以增强宝宝的身体抵抗力。家庭最好配备一个榨汁机榨取果汁。因为市场上销售的果汁的果肉含量通常很少，维生素损失严重。

● **各种有益于治疗便秘的汤水。**如绿豆薏仁汤，绿豆、薏仁富含纤维，不但可以改善便秘的症状，还有清热退火的功效。红枣具有补中益气的作用，中医认为红枣也有通心腹、祛邪气的功效，所以，宝宝便秘时，妈妈不妨试着用红枣熬汤给宝宝喝。

● **富含纤维素的粗粮。**对于已经断奶的宝宝，鼓励进食粗粮（如红薯）做的食品，有利通便。

### 忌食的食物

忌食油炸或油腻的食物、柿子等。这类食物会加重便秘，最好避免给宝宝食用。

▲果汁、木耳、菇类、海苔等，可以给便秘宝宝多喂食。

**食疗小偏方**

## 红薯粥

**原料：**

红薯500克，大米200克，白糖适量。

**做法：**

将红薯和大米洗净，同入锅中，加水，如常法煮粥。粥成后加入白糖。温热时让宝宝服食，每日1剂。

**功效：**

可健脾益胃，通大便。

## 冰糖香蕉粥

**原料：**

香蕉3根，糯米200克，冰糖适量。

**做法：**

糯米淘洗干净，加去皮切段的香蕉，如常法同煮成粥，粥成后加入适量冰糖。温后给宝宝服食，每日1剂。

**功效：**

可起到润肠、补虚、治便秘的作用。

▲ 有手足口病的宝宝宜多吃猕猴桃、草莓、甜红椒等食物，以补充维生素A、维生素C。

## 手足口病

如果宝宝在夏季得手足口病，容易造成脱水和电解质紊乱，需要给宝宝适当补水（以温开水为主）和补充营养，要让宝宝有充足的休息。患病期间宝宝可能会因发热、口腔疱疹、胃口较差而不愿进食，这时要给宝宝吃清淡、温性、可口、易消化、柔软的流质或半流质食物，切不可让宝宝吃辛辣或过咸等刺激性食物，也不要让宝宝吃鱼、虾、蟹等水产品，这类食物可能会使宝宝的病情加重。

### 宜食的食物

● **含蛋白质丰富的食物。**蛋白质能够中和某些感染因子，杀灭病原菌并将其排出体外。在宝宝患病期，未伴有发热的时候要让其摄取足够的蛋白质。能够使机体处于良好免疫状态的蛋白质来源包括：鸡蛋、瘦肉、牛奶、豆制品等食物。

● **富含维生素A和维生素C的食物。**维生素A和维生素C可以防止病毒的繁殖和复制，提高机体的免疫力和抵抗力，帮助减轻症状并缩短病期，因此，要多吃维生素A、维生素C含量高的天然食物。很多新鲜的蔬菜和水果都含有丰富的维生素C，如酸枣、鲜枣、沙棘、刺梨、猕猴桃、草莓、荔枝、橙子、葡萄柚、芦柑、柠檬、芒果、哈密瓜等新鲜水果，以及白萝卜缨、柿子椒、甜红椒、绿花椰菜、白菜花、西蓝花、绿豆芽、黄豆芽、青萝卜缨、苋菜等新鲜蔬菜。维生素A则主要含在黄色、橙黄色的蔬菜和水果中（如胡萝卜、玉米、红薯、南瓜、橙子、哈密瓜、木瓜、芒果等）。

● **富含多种植物性化学物质的、抗氧化性能强的食物。**像红色、黄（橙黄）色、绿色、蓝紫色和黑色的等新鲜的蔬菜水果富含各种维生素及抗氧化剂。红色的富含番茄红素的西红柿、草莓、西瓜；黄（橙黄）色的富含胡萝卜素的胡萝卜、玉米、木瓜、南瓜、芒果；大量的绿叶蔬菜；蓝紫色的富含多酚的茄子、紫甘蓝、提子、紫葡萄；黑色的菌藻类的海带、紫菜和木耳等天然的抗氧化物，是最好的预防力量，有助于清除侵入身体内的细菌、真菌、霉菌、病毒等。

**忌食的食物**

● **过咸、酸性或辛辣的食物**。这些食物会刺激宝宝的口腔，也不利于消炎，因此要忌食。

● **鱼、虾、肉类食物**。这类食物可能会使宝宝的患病时间加长，因此最好忌食。

● **温度过高的食物**。过热的食物可能会刺激破溃处，引起疼痛，不利于伤口愈合。

**食疗小偏方**

## 紫草二豆粥

**原料:**

紫草根、绿豆、赤小豆、粳米、甘草各适量。

**做法:**

紫草根、绿豆、赤小豆、粳米、甘草一起加水煮粥，待温度合适后再给宝宝喝。

**功效:**

此粥香甜可口，又可以防治手足口病。

## 荷叶粥

**原料:**

鲜荷叶2张，白米50克。

**做法:**

将荷叶切碎，煮粥给宝宝喝。每日1次。

**功效:**

此粥可以减轻小儿手足口病的症状。

## 疳积

对得此病的宝宝，要选择易消化、高热量、高蛋白、低脂肪、足量维生素的食物进行哺喂，重点增加维生素A、B族维生素、维生素D和钙元素等营养素的摄入，同时常备乳酶生之类的促消化药剂，适时使用。

病情较重的宝宝对食物耐受性差，增加食物品种要以简单、先稀后干、先少后多为原则。

### 宜食的食物

● **粳米**。粳米性平、味甘，有补中益气、健脾养胃的作用，最宜小儿疳积者煮粥食用。

● **糯米**。将糯米煮成粥给宝宝食用，能够益气补脾胃，但是不可以做成饭或糕饼点心，那样反而使宝宝难以消化吸收。

● **锅巴**。用锅巴煎水代茶饮，有开胃助消化的作用，有助于治疗小儿疳积症。

● **白扁豆**。白扁豆性平、味甘，有补脾、健胃、和中、化湿、止泻的作用。最适合小儿疳积无食欲、大便稀，或消化不良、久泻不止者。

● **鸡肝**。《医林纂要》中记载："鸡肝治小儿疳积，杀虫。"每天取鲜鸡肝1~2个，在沸水中烫熟，以食盐或含铁酱油蘸食，连吃3~5天为一疗程。

● **鳗鲡**。俗称白鳝、鳗鱼。鳗鱼性平、味甘，有补虚羸、杀虫的作用，适宜小儿疳积者服食。明朝李时珍曾指出："鳗鱼治小儿疳劳。"

● **山楂**。山楂有消积滞的作用。如果宝宝是由于饮食过饱，伤及脾胃，导致食积不化，可以给宝宝多吃。

**忌食的食物**

● **辛辣、炙烤、油炸、爆炒之品**。此类食物会助湿生热，同时也不利于消化吸收。

● **生冷瓜果及性寒滋腻、肥甘黏糯的食物**。此类食物会损害脾胃，也难以消化。

● **一切变味、变质、不洁的食物**。这些食物不利于人体健康，千万不要给宝宝吃。

◂ 油炸食品要忌食。

**食疗小偏方**

## 麦芽茶

**原料:**

麦芽20克。

**做法:**

水煎30分钟，每日服2次。

**功效:**

消乳食。

## 大麦粥

**原料:**

大麦米50克。

**做法:**

大麦米研碎，煮粥常食。

**功效:**

补脾、宽肠、消食，防治小儿疳积。